Entwicklung einer Fertigungstechnologie für ein hybrides piezoelektrisches Drosselelement zum Einsatz in einem adaptiven Gasfederdämpfer

Entwicklung einer Fertigungstechnologie für ein hybrides piezoelektrisches Drosselelement zum Einsatz in einem adaptiven Gasfederdämpfer

Matthias Hartmann

Verlag Dr. Markus A. Detert

Bibliografische Information Der Deutschen Nationalbibliothek

Die Deutsche Nationalbibliothek verzeichnet diese Publikation in der Deutschen Nationalbibliografie; Detaillierte bibliografische Daten sind im Internet über htpp://dnb.ddb.de abrufbar.

ISBN 978-3-934142-44-2

1. Auflage 2012
In diesem Buch werden Warennamen ohne Gewährleistung der freien Verwendbarkeit benutzt. Die Texte wurden mit besonderer Sorgfalt erarbeitet und überprüft. Trotzdem sind Fehler nicht völlig ausgeschlossen. Autor und Verlag weisen darauf hin, dass sie für die Fehlerfreiheit keine Gewährleistung und für eventuelle Folgen aus Fehlern keine Haftung übernehmen.

© Verlag Dr. Markus A. Detert, Templin, Germany, 2012
http://www.verlag-detert.de

Entwicklung einer Fertigungstechnologie
für ein hybrides piezoelektrisches Drosselelement
zum Einsatz in einem adaptiven Gasfederdämpfer

Dissertation

zur Erlangung des akademischen Grades

Doktoringenieur

(Dr.-Ing.)

von Dipl.-Ing. Matthias Hartmann

geb. am 01.11.1980 in Köthen / Anhalt

genehmigt durch die Fakultät für Elektrotechnik und Informationstechnik

der Otto-von-Guericke-Universität Magdeburg

Gutachter:
    Prof. Dr. rer. nat. Bertram Schmidt
    Prof. Dr.-Ing. Roland Kasper

Promotionskolloquium am 03.05.2012

Inhaltsverzeichnis

	Formelzeichenliste	iii
	Bilderverzeichnis	v
	Grafikverzeichnis	vii
	Tabellenverzeichnis	viii
	Liste der Abkürzungen	ix
1	**Einleitung**	**1**
2	**Piezoelektrische Elemente**	**5**
2.1	Der piezoelektrische Effekt	5
2.2	Bauformen von PZT-Aktoren und Wegvergrößerungssystemen	11
2.2.1	Platten	11
2.2.2	Multilayeraktoren	12
2.2.3	Biegewandler	12
2.2.4	Dreidimensionale monolithische Aktoren	15
2.2.5	Vergleich des Standes der Technik von Aktorvarianten	18
2.3	Formgebung von Piezokeramiken	20
2.3.1	Trockenpressen	21
2.3.2	Foil-Casting	22
2.3.3	Gel-Casting	23
2.3.4	Keramischer Spritzguss und Bindersysteme	25
2.3.5	Vergleich der verschiedenen Formgebungsverfahren	29
3	**Drosselelement für einen adaptiven Gasfederdämpfer**	**31**
3.1	Funktionsprinzip Gasfederdämpfer	31
3.2	Konzept der Durchflussregelung im GFD	33
3.2.1	Lösungsansatz 1: Stack-Aktor vor Drosselspalt	35
3.2.2	Lösungsansatz 2: Bimorph-Aktor vor Drosselspalt	36
3.2.3	Lösungsansatz 3: seitlicher Stack-Aktor vor Drosselspalt	37
3.2.4	Lösungsansatz 4: koaxiale Aktoranordnung vor Drosselspalt	38
4	**Prototypenentwicklung des Wegvergrößerungssystems**	**41**
4.1	Entwurf der hybriden Struktur	41
4.2	Simulation	47
4.3	Aufbau und Messungen	49
5	**Vorserienentwicklung**	**53**
5.1	CAD-Entwurf	53
5.2	FEM-Simulationen	63
5.2.1	Ansys© Classic-Simulation des Wegvergrößerungssystems	63
5.2.2	Ansys© CFX - Strömungssimulation	66
5.2.3	Spritzgusssimulation des piezokeramischen Aktors	70
5.2.4	Spritzgusssimulation der Polymerspeichen	72
5.3	Fertigung des Aktorsystems	79
5.3.1	Spritzgießen des piezoelektrischen Ringaktors	79

5.3.2	Entbindern	82
5.3.3	Sintern	84
5.3.4	Metallisierung	89
5.3.5	Ceramic Insert Molding	94
5.3.6	Polarisieren	97
5.3.7	Drosselgehäusefertigung	100
6	**Systemaufbau**	**103**
7	**Zusammenfassung**	**107**
8	**Ausblicke**	**111**
	Literaturverzeichnis	**119**
	Anhang	**127**
A.1	Materialdaten	127
A.2	Dreidimensionale monolithische Piezoaktoren	130
A.3	Quellcode Ansys©-Simulation - Prototyp Aktor mit Stahlspeichen	139
A.4	Quellcode Ansys©-Simulation - umspritzter PZT-Aktor	144
A.5	PZT Entbinderungsprogramme für Nabertherm LH 8/16 Öfen	149
A.6	PZT-Sinterprogramme für Nabertherm LH8/16 Öfen	151
A.7	typische Fehler beim Entbindern / Sintern	153
A.8	Maße umspritzter Piezoaktor - Wegvergrößerungssystem	156
A.9	Maße Drosselgehäuse - Unterteil	159
A.10	Maße Drosselgehäuse - Oberteil	162
A.11	Maße Drosselgehäuse - Deckel	164
	Danksagung	**166**

Formelzeichenliste

Formelzeichen	Definition	Einheit
$A_{Drossel}$	Drosselquerschnittsfläche	mm^2
b	Breite	mm
Δd	Durchmesseränderung	mm
d_a	Außendurchmesser	mm
d_i	Innendurchmesser	mm
d_{ij}	piezoelektrische Ladungskonstante	m/V
E	Elastizitätsmodul	N/m^2
E_i	Feldstärke in Richtung i	kV/mm
F	Kraft	N
f_r	Resonanzfrequenz	Hz
F_A	Aktorkraft	N
F_x	vektoriell wirkende Kraft in Richtung x	N
F_y	vektoriell wirkende Kraft in Richtung y	N
F_z	vektoriell wirkende Kraft in Richtung z	N
h	Höhe	mm
I_y	axiales Flächenträgheitsmoment	mm^4
I_z	axiales Flächenträgheitsmoment	mm^4
l	Länge	mm
$\dot{m}$	Massestrom	kg/s
T_{Curie}	Curie-Temperatur	$°C$
$T_{Einsatz}$	maximale Einsatztemperatur von PZT	$°C$
T_i	mechanische Spannung	N/m^2
P_j	induzierte elektrische Spannung / zusätzliche elektr. Polarisation	V
P	Druck	bar
ΔP	Druckdifferenz	bar
r	Radius	mm
Δr	Radienänderung	mm
ρ	Dichte	g/cm^3

Formelzeichenliste

Formelzeichen	Definition	Einheit
ΔS	Längenänderung von PZT während der Polarisation	μm
ΔS_r	remanente Längenänderung von PZT nach der Polarisation	μm
S_j	Deformation v. PZT in Richtung j (inverser piezoelektr. Effekt)	μm
σ	Schubspannung	N/m^2
t_{A_System}	Systemansprechzeit	s
thk	Keramikdicke (thickness)	mm
τ	Scherspannung	N/m^2
U	Ansteuerspannung für den Piezoaktor	V
u_{result}	resultierende Verschiebung	μm
$\dot{V}$	Volumenstrom	l/min
$w(x)$	Durchbiegung an der Stelle x	mm
x, y, z	Achsenbezeichnung im kartesischen Koordinatensystem	-

Bilderverzeichnis

		Seite
Bild 2.1	Elementarzelle von PZT	7
Bild 2.2	Domänen von PZT vor und nach der Polarisation	8
Bild 2.3	Definition der Raumachsen	9
Bild 2.4	Gebräuchliche Anordnungen bei der Nutzung des Piezoeffekts	10
Bild 2.5	Deformation eines Plattenaktors (ohne Schereffekt dargestellt)	11
Bild 2.6	Wirkprinzipien von piezoelektrischen Biegewandlern	13
Bild 2.7	Wirkprinzipien von dreidimensionalen monolithischen Piezoaktoren	16
Bild 2.8	Prozessschritte für die Herstellung von piezokeramischen Bauteilen	20
Bild 2.9	Trockenpressen – einseitig (a) und beidseitig (b)	21
Bild 2.10	Trockenpressen – unterschiedliche Verdichtung bei nicht konstanten Wandstärken	21
Bild 2.11	Schema	22
Bild 2.12	Prozessschritte beim Gel-Casting	23
Bild 2.13	Funktionsprinzip Spritzgussverfahren	25
Bild 2.14	REM-Aufnahme – Datentrackabstand einer Blu-ray Disk^{TM}	26
Bild 2.15	Einfluss der Füllstoffe auf den Feedstock bzw. das Grünteil	27
Bild 3.1	Funktionsprinzip einer Luftfeder	31
Bild 3.2	Funktionsprinzipien von Gasfederdämpfern	32
Bild 3.3	Stack-Aktor mit Blende vor einem Drosselspalt	35
Bild 3.4	Bimorph-Aktor mit Blende vor einem Drosselspalt	36
Bild 3.5	Seitlich angeordneter Stack-Aktor mit Blende vor einem Drosselspalt	37
Bild 3.6	Koaxiale Anordnung eines Ringaktors mit Blende vor einem Drosselspalt	38
Bild 3.7	Koaxiale Anordnung eines Ringaktors mit Blenden vor Drosselspalten	39
Bild 3.8	Wegvergrößerungssystem – Piezoringaktor mit Speichenanordnung	40
Bild 4.1	Wegvergrößerungssystem – effektiv wirkende Kräfte	41
Bild 4.2	Biegelinie der Speichen	42
Bild 4.5	Stauchung der Speichen	45
Bild 4.3	Speichenquerschnitt - Federstahl	43
Bild 4.4	CAD-Modell – Aufbau Prototyp PZT-Aktor und Federstahlspeichen	44
Bild 4.5	Stauchung der Speichen	45
Bild 4.6	FEM-Simulation – Auslenkung *PI 151* Aktor und Stahlspeichen	48
Bild 4.7	Prototyp für ein Wegvergrößerungssystem mit Stahlspeichen	49
Bild 4.8	Mikroskopaufnahme Auslenkung Prototyp	50
Bild 5.1	Abmaße Vorserienringaktor	54
Bild 5.2	Beispiel Insert Molding – Sensorgehäuse für automotive Anwendung	55
Bild 5.3	Beispiel Insert Molding– umspritzte Elektronikkontakte	56
Bild 5.4	CAD-Entwurf – mit Polymer umspritzter Piezoaktorring	57
Bild 5.5	CAD-Entwurf – Schnittansicht mit Polymer umspritzter Piezoaktorring	57
Bild 5.6	Querschnitt der Polymerspeichen	58
Bild 5.7	Maße der neuen Polymerspeichenstruktur	58
Bild 5.8	Aufteilung der Polymerspeichenquerschnittsfläche in Standardflächen	59
Bild 5.9	CAD-Entwurf - Ringaktor im Drosselgehäuse	62
Bild 5.10	CAD-Entwurf - Querschnitt Drosselaufbau	62
Bild 5.11	FEM-Simulation – Auslenkung PI255 Aktor und Badamid-Speichen	64

Bilderverzeichnis

Seite

Bild 5.12	*Ansys©* CFX-Simulation – Druckverteilung im Drosselgehäuse	66
Bild 5.13	*Ansys©* CFX-Simulation – Druckverteilung im Drosselspalt	67
Bild 5.14	*Ansys©* CFX-Simulation – Strömungsgeschwindigkeit am Gaseinlass	69
Bild 5.15	*Moldflow MPI 2010©* – Spritzgusssimulation Bauteilfüllzeit Keramikring	71
Bild 5.16	Spritzgusssimulation – Bestimmung des optimalen Anspritzpunktortes	73
Bild 5.17	Spritzgusssimulation – vernetztes Speichenbauteil mit Anspritzpunkten	74
Bild 5.18	Schema des Schmelzflusses beim Füllen einer Werkzeugkavität	75
Bild 5.19	*Moldflow MPI 2010©* – Bauteilfüllzeit (Material Ultradur 4040 50%GF)	76
Bild 5.20	*SimpoeWorks 2009©* – Bauteilfüllzeit (Material Ultradur 4040 50%GF)	77
Bild 5.21	Vorserienspritzgusswerkzeug auf der Arburg Allrounder 320S	80
Bild 5.22	Verunreinigter CIM-Spritzling durch Werkzeugabrieb	81
Bild 5.23	Schematische Darstellung - Verdampfen des Bindemittels und Porenbildung	83
Bild 5.25	Kornwachstum während des Sinterprozesses	86
Bild 5.26	REM-Aufnahmen vom Korngefüge der gesinterten Piezoringe	87
Bild 5.24	Kapselung der PZT-Ringe beim Sintern	85
Bild 5.27	Sinterschwund – Vergleich entbinderter und gesinterter PZT-Ring	88
Bild 5.28	Metallisierung – Schema des Siebdruckverfahrens	89
Bild 5.29	Metallisierung – Funktionsprinzip des M3D-Verfahrens	90
Bild 5.30	Metallisierung – typische Bahnbreiten beim M3D-Verfahren	90
Bild 5.31	Metallisierung – Funktionsprinzip Sputtern	91
Bild 5.32	Metallisierung – Arc-PVD-Beschichtungsanlage (IFQ)	93
Bild 5.33	Metallisierung – Arc-PVD-Beschichtung einer 3D-Piezokeramik	93
Bild 5.34	Ceramic Insert Molding – Bauteilfüllprobleme und Aktorbeschädigung	95
Bild 5.35	Ceramic Insert Molding – komplett umspritzter Piezoringaktor	96
Bild 5.36	Anordnung für Polarisation des Aktors	98
Bild 5.37	CAD-Modell – Abstand zwischen Aktor und Drosselgehäuse	100
Bild 5.38	CAD-Modell – Zusammenbau des Gesamtsystems	101
Bild 5.39	Gefrästes PMMA-Drosselgehäuseunterteil mit Drosselschlitzen	102
Bild 6.1	Aktorlagerung für Messung des erreichbaren Stellweges	103
Bild 6.2	Gesamtaufbau Drosselgehäuse mit integriertem Aktor	104
Bild 8.1	Kraftvektoren im Wegvergrößerungssystem	112
Bild 8.2	CAD-Entwurf – umspritzte Stahlspeichen und Piezoaktor	113
Bild 8.3	CAD-Entwurf – erhöhte Anzahl und größere Drosselblenden	115
Bild A.2.1	Simulation – max. Auslenkung 1 mm PZT-Scheibe bei 1 kV	130
Bild A.2.2	Simulation – max. Auslenkung 4 mm PZT-Scheibe bei 1 kV	130
Bild A.2.3	Simulation – max. Auslenkung 3D-PZT-Scheibe bei 1 kV	131
Bild A.2.4	Simulation – Vergleich max. Auslenkung 1 mm, 4 mm und 3D-PZT-Scheibe bei 1 kV	131
Bild A.2.5	Schema CAD-Versuchsaufbau 3D-PZT-Aktor und Lager	132
Bild A.2.6	Vibrometermessung an 3D-PZT-Aktor	133
Bild A.7.1	Entbinderungsproblem – Bindemittel wurde nicht komplett herausgetrieben	153
Bild A.7.2	Sinterproblem – falsche Sinterunterlage	154
Bild A.7.3	Sinterproblem – zu schnelle Aufheizraten	154
Bild A.7.4	Sinterproblem – verunreinigte Sinterunterlage Temperraturprofil	155
Bild A.7.5	Sinterproblem – falsche Sinterunterlage und ungekapselt gesintert	155

Grafikverzeichnis

		Seite
Grafik 4.1	Resultierende Aktorverschiebung in Abhängigkeit von der Steuerspannung	51
Grafik 5.1	FEM-Simulationen – Vergleich der verschiedenen Speichenmaterialien	65
Grafik 5.2	Optimiertes Entbinderungsprofil	83
Grafik 5.3	Optimiertes Sinterprofil der spritzgegossenen Keramikringe (PI 255)	87
Grafik 5.4	Verwendetes Polarisationsprofil	99
Grafik 8.1	Zusammenhang Ansteuerung, Auslenkung und Ansprechzeit	116
Grafik A.5.1	Entbinderungsprofil für Licomont EK 583 Bindemittel (Herstellerangaben)	149
Grafik A.5.2	Optimiertes Entbinderungsprofil für Licomont EK 583 Bindemittel	150
Grafik A.6.1	Sinterprofil für PI 255 (Herstellerangaben)	151
Grafik A.6.2	Optimiertes Sinterprofil für PI 255	152
Grafik A.5.1	Entbinderungsprofil für Licomont EK 583 Bindemittel (Herstellerangaben)	149
Grafik A.5.2	Optimiertes Entbinderungsprofil für Licomont EK 583 Bindemittel	150
Grafik A.6.1	Sinterprofil für PI 255 (Herstellerangaben)	151
Grafik A.6.2	Optimiertes Sinterprofil für PI 255	152

Tabellenverzeichnis

Seite

Tabelle 2.1	Vergleich Monolith-, Scheibenstapel- und Vielschichtstapelaktoren	12
Tabelle 2.2	Typische Kennwerte von piezoelektrischen Biegeaktoren	14
Tabelle 2.3	Vergleich monolithische Aktoren *1 mm, 4 mm* Dicke und 3D-Aktor	17
Tabelle 2.4	Typische Zusammensetzung eines Bindersystems	27
Tabelle 2.5	Vergleich der Formgebungsverfahren von Keramiken	30
Tabelle 5.1	Berechnung der einzelnen Teilflächenschwerpunkte und -trägheitsmomente	59
Tabelle 5.2	Vergleich Spritzgusssimulationsprogramme	78
Tabelle 5.3	Zusammensetzung des verwendeten piezokeramischen Feedstocks	82
Tabelle 8.1	Erste Erkenntnisse	111
Tabelle 8.2	Parameter für die Maximierung der Speichenbiegelinie	114
Tabelle A.1.1	Materialdaten PI 151	127
Tabelle A.1.2	Materialdaten PI 255	128
Tabelle A.1.3	Materialdaten Badamid© T70 GF50	129
Tabelle A.1.4	Materialdaten Badalac© ABS 20 GF15	129
Tabelle A.1.5	Materialdaten ELBESIL BTR 50© Trafoöl	129
Tabelle A.2.1	Vergleich Simulationsergebnisse monolithische PZT-Aktoren	132
Tabelle A.2.2	Vergleich Messergebnisse monolithische PZT-Aktoren	133
Tabelle A.5.1	Entbinderungsprofil für Licomont EK 583 Bindemittel (Herstellerangaben)	149
Tabelle A.5.2	Optimiertes Entbinderungsprofil für Licomont EK 583 Bindemittel	150
Tabelle A.6.1	Sinterprofil für PI 255 (Herstellerangaben)	151
Tabelle A.6.2	Optimiertes Sinterprofil für PI 255	152

Liste der Abkürzungen

APLD	*Ansys*© Parametric Design Language
CIM	Keramischer Spritzguss (*Ceramic Injection Molding*)
EFRE	Europäischer Fonds für regionale Entwicklung
FIM	Folienhinterspritzen (*Film Insert Molding*)
GFD	Gasfederdämpfer
IFAK	Institut für Automation und Kommunikation
IFQ	Institut für Fertigungstechnik und Qualitätssicherung
IMOS	Institut für Mikro- und Sensorsysteme
IMS	Institut für Mobile Systeme
Kfz	Kraftfahrzeug
LFD	Luftfederdämpfer
LTCC	Niedertemperatur-Einbrand-Keramiken (*low temperature co-fired ceramics*)
M^3D	maskenlose mittelgroße Materialabscheidung (*maskless mesoscale material deposition*)
MIM	Metallspritzguss (*metal injection molding*)
PIM	Pulverspritzguss (*powder injection molding*)
PKW	Personenkraftwagen
PMMA	Polymethylmethacrylat
PP	Polypropylen
PVD	physikalische Gasphasenabscheidung (*physical vapour deposition*)
PZT	Blei-Zirkonat-Titanat (*Plumbum Zirconate Titanate*)
REM	Raster-Elektronen-Mikroskop

1 Einleitung

Der Kfz-Markt ist einer der stärksten Wirtschaftsmotoren in Deutschland. Neben unzähligen deutschen Zulieferfirmen genießen deutsche Automobile im In- und Ausland einen sehr guten Ruf in Bezug auf Zuverlässigkeit, Komfort, Sicherheit und Innovationen. In diesem Zusammenhang ist es sehr wichtig, stetig an neuen Entwicklungen zu arbeiten und diese zu etablieren.

Im Bereich der Fahrwerktechnik werden im Nutzfahrzeugbereich teilweise bereits Gasfedern eingesetzt. Diese bestehen aus einem mit Druckluft gefüllten Balg, dessen Federeigenschaften durch Variation des Gasinnendruckes verändert werden können [2]. Abgeleitet von diesem Federfunktionsprinip wurden verschiedene technische Lösungen für eine gleichzeitige Integration eines Luftdämpferelementes in einer einzigen Baugruppe entwickelt. Der Grundstein für einen Gasfederdämpfer (GFD) war damit gelegt. [3], [4] Als weiterführende Entwicklung gilt es nun, eine dynamische Anpassung der Feder- und Dämpfungseigenschaften während der Fahrt in Abhängigkeit von den jeweiligen Fahrbahnbedingungen und Zuladungszuständen vorzunehmen. Hierfür muss „lediglich" ein spezielles Drosselelement in den GFD integriert werden, mit dessen Hilfe die internen Gasvolumenströme entsprechend geregelt werden können. Problematisch ist jedoch, dass bei einer schnellen Änderung der Fahrbahnbeschaffenheit, z.B. durch ein Schlagloch, innerhalb eines Bruchteils einer Sekunde der Volumenstrom im GFD verstellt werden muss, um eine schnelle Dämpfung dieser Störgröße zu erhalten. Kommerziell erhältliche elektrische Stellglieder, welche einen ausreichend großen Volumenstrom stellen können, weisen leider eine viel zu große Trägheit hierfür auf. Eine Integration mehrerer kleiner, schnell stellender Drosselelemente ist auf Grund des begrenzten Bauraumes im GFD nicht möglich. Diese Fakten bildeten die Motivation, ein auf engstem Bauraum schnell agierendes piezoelektrisch gesteuertes Drosselelement zu entwickeln, mit dessen Hilfe die Druckdifferenz im Gasfederdämpfer, und damit verbunden der Volumenstrom, geregelt werden kann. Im Anschluss an die Produktentwicklung standen die dafür benötigten Fertigungsverfahren im Hauptfokus, um eine spätere Serienproduktion dieses Elementes zu ermöglichen.

Wie bereits in der Kurzfassung erwähnt wurde, entstand die vorliegende Abeit im Rahmen des Forschungsschwerpunktes COMO („COmpetence in MObility") an der Otto-von-Guericke-Universität Magdeburg im Projektbereich B1 „Sicherheit und Komfort". In diesem Projektbereich waren mehrere Insitute in die Umsetzung des interdisziplinären Themas des adaptiven Gasfederdämpfers eingebunden. Der Lehrstuhl Halbleitertechnologie am IMOS (Institut für Mikro- und Sensorsysteme) hatte die Aufgabe geeignete Differenzdrucksensoren für den Einbau im GFD zu entwickeln. Für die Erzeugung der hohen Ansteuerspannung des piezoelektrischen Drosselelementes und der drahtlosen Energieübertragung inklusive Anschlussschnittstelle zum Aktor war das IFAK (Institut für Automation und Kommunikation) zuständig. Die Gesamtsystemmodellierung, bestehend aus der Auswertung der Differenzdrucksensorsignale für die einzelnen GDF-Kammern und der daraus abgeleiteten Entwicklung der Regelstrategien für die Aktoransteuerung erfolgte am IMS (Institut für Mobile Systeme). Auf Basis von Veröffentlichungen des IMS [5] zu konstruktiven Vorschlägen von Prototypen für ein solches Drosselelement wurde in der vorliegenden Arbeit eine Fertigungstechnologie für ein hybrides piezoelektrisches Stellglied [6] entwickelt. Konstruktiv bedingt stand für das aufgebaute Drosselelement ein Bauraum mit einem Durchmesser von *130 mm* und einer maximalen Gesamthöhe von *60 mm* zur Verfügung. Als Ansteuerspannung für den Aktor waren maximal *1.000 V* vorgegeben, weil die Komplexität eines Multilayeraktors zunächst vermieden werden sollte. Das Drosselelement sollte eine Drosselquerschnittsfläche von *25 mm²* öffnen und schließen, einer Druckdifferenz von *5 bar* standhalten und einen daraus resultierenden Gasmassestrom von $\dot{m} = 33{,}3 \cdot 10^{-3} \frac{kg}{s}$ steuern können. Bei der Entwicklung dieses Drosselsystems war unbedingt zu beachten, dass es in einer seriennahen Produktionskette gefertigt werden kann.

In Kapitel 2 dieser Arbeit wird auf die Effekte von Piezokeramiken und deren bisherige Einsatzgebiete eingegangen. Weiterhin werden die typischen Aktorbauformen und –wirkprinzipien erörtert und gegenübergestellt. Gleichzeitig werden die typischen Formgebungsverfahren für die Herstellung dieser Aktoren mit betrachtet, weil sie für die spätere technische Umsetzung von entscheidender Bedeutung sind.

Mit der Konzeptionsphase des zu entwickelnden piezoelektrischen Drosselelementes beschäftigt sich das Kapitel 3. Anhand der vorhandenen Eckdaten, wie z.B. des zu erreichenden Drosselquerschnittes oder der im Kfz zur Verfügung stehenden Aktoransteuerspannung, werden unterschiedliche potentielle Wirkmechanismen betrachtet. In diesem Zusammenhang kristallierte sich sehr schnell heraus, dass mit konventionellen Lösungsansätzen die Zielvorgaben nicht erreicht werden können. Aus diesem Grund wurde ein Lösungsansatz verfolgt, bei dem mehrere Drosselblenden auf einem piezoelektrischen Ringaktor befestigt werden. Der Ringaktor wird in koaxialer

Anordnung zu einem dazugehörigen Gehäuse mit Drosselspalten positioniert. Die Grundidee hierbei war, dass dieser Aktor in eine Rotationsbewegung gebracht werden muss, um damit den Drosselquerschnitt zu steuern. Es wurde die Hypothese aufgestellt, dass in einer speziellen Kombination aus einem piezoelektrischen Ringaktor und einer im Inneren dieses Aktors befindlichen Speichenanordnung mit entsprechender Lagerung die durch den Aktor hervorgerufene Kontraktion in eine resultierende Drehbewegung gewandelt werden kann.

Für die genauere Analyse dieser Hypothese erfolgte in Kapitel 4 eine Prototypenentwicklung. Ausgehend von ersten analytischen Betrachtungen und Dimensionierungen einer derartigen hybriden Struktur, wurden entsprechende FEM-Simulationen für deren Überprüfung durchgeführt. Im Anschluss daran erfolgte der Aufbau dieser Prototypenstruktur mit erfolgreichen ersten Messungen des vielversprechenden Wegvergrößerungssystems. Der Grundstein für das Funktionsprinzip des Drosselelementes war somit gelegt. Die größte Herausforderung bestand nun darin, eine komplette Prozesskette für eine zuverlässige, großserientaugliche Produktion dieses Wegvergrößerungssystems und den dazugehörigen Drosselelementteilen zu entwickeln und zu optimieren.

Im Kapitel 5 wird sehr ausführlich auf die Vorserienentwicklung dieser Komponenten eingegangen. Hierbei mussten gegenüber dem Prototypendesign einige Kompromisse eingegangen werden. Angefangen vom piezokeramischen Ausgangspulver bis hin zum fertig polarisierten Aktor wurde jeder einzelne Prozessschritt eingefahren und optimiert. Für die Formgebung des Piezoaktors kam das keramische Spritzgussverfahren (ceramic injection molding - CIM) zum Einsatz. Problematisch gestaltete sich die Umsetzung der form- und kraftschlüssigen Verbindung zwischen der Speichenstruktur und dem Aktorring. Der Prototyp wurde in diskreten Fertigungsverfahren der Feinwerktechnik aufgebaut, was bereits aus ökonomischer Sicht in einer späteren Serienproduktion nicht umzusetzen wäre [6]. In diesem Zusammenhang wurde das Ceramic-Insert-Molding-Verfahren entwickelt. Im Rahmen der vorliegenden Arbeit wurde weltweit erstmals ein piezokeramisches Bauteil als Einlegeteil in ein Spritzgusswerkzeug eingesetzt und mit einer Polymerstruktur form- und kraftschlüssig lokal umspritzt. Dank dieses neuen Fertigungskonzeptes könnten von nun an große Stückzahlen des hybriden Wegvergrößerungssystems mit gleichbleibender Genauigkeit reproduzierbar und kostengünstig hergestellt werden. Letztendlich wurde noch das dazugehörige Drosselgehäuse angepasst.

Auf die Messungen an dem fertig aufgebauten Gesamtsystem und deren Auswertung wird in Kapitel 6 eingegangen, gefolgt von einer Zusammenfassung in Kapitel 7. Einen Ausblick und gleichzeitige Optimierungsanregungen für weiterführende Arbeiten dieser Thematik runden das Gesamtkonzept der vorliegenden Arbeit in Kapitel 8 ab.

2 Piezoelektrische Elemente

2.1 Der piezoelektrische Effekt

Bereits 1880 wurde von Jacques und Pierre Curie der piezoelektrische Effekt entdeckt und nachgewiesen. Sie stellten fest, dass durch eine mechanische Beanspruchung bestimmter Kristalle eine dazu proportionale elektrische Oberflächenladung erzeugt wird. Diesen Effekt nannten sie Piezoeffekt, abgeleitet vom griechischen Wort *piezo* („ich drücke"). 1881 stellte der französische Wissenschaftler Gabriel Lippmann die These auf, dass sich dieser Effekt auch umkehren lassen müsste; d. h. durch das Anlegen eines elektrischen Feldes müsste eine mechanische Deformation an den Piezokristallen hervorgerufen werden. Anschließend bewiesen die Brüder Curie diese These experimentell. Nach diesen Entdeckungen wurde es für fast 30 Jahre ruhig um den piezoelektrischen Effekt. Erst 1910 beschrieb der deutsche Wissenschaftler Woldemar Voigt in seinem „Lehrbuch der Kristallphysik" diesen Effekt grundlegend. Eine wichtige Grundlage des Effektes ist die elektrische Polarisation, die in allen Dielektrika auftritt. Unter Polarisation versteht man hier die Ausbildung von Dipolen unter dem Einfluss eines elektrischen Feldes aufgrund der Ladungsverschiebung. Dabei unterscheidet man die Verschiebungspolarisation, bei der Ladungen aus ihrer Gleichgewichtslage verschoben werden, und die Orientierungspolarisation, bei der bereits vorhandene molekulare Dipole umorientiert werden. Normalerweise verschwindet die Polarisation, wenn das elektrische Feld weggenommen wird. Allerdings gibt es auch Kristallstrukturen, die ohne angelegtes äußeres Feld eine Polarisation aufweisen. Dieser Effekt wird als spontane Polarisation bezeichnet und tritt in Ferroelektrika auf. Ein wichtiger Vertreter hierfür ist z.B. das Blei-Zirkon-Titanat (PZT). [7], [8], [9]

Der piezoelektrische Effekt kann nur in Kristallstrukturen auftreten, die mindestens eine polare Achse besitzen, d.h. die Kristallstruktur darf kein Symmetriezentrum (Spiegelung um den Ursprung) aufweisen [1]. Somit ist bei piezoelektrischen Kristallen eine Spiegelung der Struktur um den Koordinatenursprung keine erlaubte Symmetrieoperation, da sie die Struktur nicht in sich selbst überführt. Bei gerichteter mechanischer Belastung piezoelektrischer Kristalle entlang ihrer polaren Achse verschieben sich die Ladungsschwerpunkte in den Elementarzellen, und es bilden sich elektrische Dipole aus. Das damit verbundene elektrische Feld führt bei Summation über

Kapitel 2. Piezoelektrische Elemente

sehr viele Elementarzellen zu einer makroskopisch messbaren elektrischen Spannung (direkter piezoelektrischer Effekt).

Das heute technisch am häufigsten verwendete piezoelektrische Material ist das Blei-Zirkon-Titanat (PZT) in Form einer sog. Piezokeramik. Dabei handelt es sich um ein polykristallines, keramisches Gefüge aus PZT-Kristalliten. PZT gehört zur Gruppe der Ferroelektrika, d.h. es weist aufgrund seiner Kristallstruktur eine spontane Polarisation auf. Die Richtung der spontanen Polarisation kann durch ein elektrisches Feld umorientiert werden. Alle Ferroelektrika sind auch piezoelektrisch und pyroelektrisch (wobei die Umkehrung nicht gilt). PZT weist eine sogenannte Perowskitstruktur ABO_3 auf, wobei A durch zweiwertige Metallionen (Pb, Ba, Sr) und B durch vierwertige Metallionen (Ti, Zr) belegt wird. Oberhalb einer bestimmten Temperatur, der sogenannten Curie-Temperatur T_C, verliert PZT seine ferroelektrischen und somit auch seine piezo- und pyroelektrischen Eigenschaften. In dieser sog. paraelektrischen Phase weist der Kristall eine kubische Struktur auf (Bild 2.1 a). Dabei fallen die Schwerpunkte der positiven und negativen Ladungen zusammen; die Struktur besitzt dann ein Symmetriezentrum und hat daraus resultierend keine polare Achse mehr. Aufgrund der symmetrischen Ladungsverteilung können sich bei mechanischer Belastung keine Dipole mehr ausbilden und PZT ist nach außen ladungsneutral. In diesem Zustand ist kein piezoelektrischer Effekt vorhanden. Wenn die Curie-Temperatur unterschritten wird, geht das Strukturgitter vom kubischen in den tetragonalen Zustand über (Bild 2.1 b). Dieses tetragonale Gitter besitzt kein Symmetriezentrum, die Ladungsschwerpunkte fallen nicht mehr zusammen, es bilden sich elektrische Dipole, und die Struktur ist ferro-, pyro- und piezoelektrisch. Typische Eigenschaften von Ferroelektrika sind die Ausbildung einer Hysterese in Analogie zu den Ferromagnetika und die Ausbildung von Domänen. Domänen sind Bereiche, in denen die Orientierung der spontanen Polarisation gleich ist. Die Bildung von Domänen hat energetische Ursachen. Kristalle mit nur einer Domäne sind energetisch ungünstig, so dass sich Bereiche mit entgegengesetzten Polarisationsrichtungen ausbilden. Dies führt makroskopisch zu einer Aufhebung der spontanen Polarisation über weite Bereiche. Der Domäneschwerpunkt, also die resultierende Ausrichtung der einzelnen Dipolmomente der Elementarzellen einer Domäne, liegt in der Mitte der Domäne. Die einzelnen Domänen sind wiederum stochastisch im PZT-Körper verteilt. Es ist kein piezoelektrischer Effekt messbar (Bild 2.2 a). Um die PZT-Piezokeramik zu polarisieren, müssen die Dipolmomente der Elementarzellen in eine Vorzugsrichtung gebracht werden. Somit werden die einzelnen,

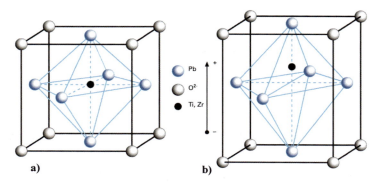

Bild 2.1: Elementarzelle von PZT [1]
a) kubisches Gitter (oberhalb der Curie-Temperatur)
b) tetragonales Gitter (unterhalb der Curie-Temperatur)

bisher neutralen, Domäneschwerpunkte in die Vorzugsrichtung verschoben. Dieses erreicht man, indem man die PZT-Probe bis kurz unterhalb der Curie-Temperatur erwärmt und ein starkes elektrisches Feld anlegt. Das elektrische Feld bleibt anschließend während des Abkühlvorganges für kurze Zeit noch angelegt, damit bei der Umordnung der Ausrichtung der Domäneschwerpunkte (Bild 2.2b) diese in der Feldrichtung weiterhin angeordnet bleiben. In Bild 2.1 ist bereits die Geometrieänderung der Elementarzelle beim Übergang von der kubischen in die tetragonale Phase erkennbar. Diese räumliche Verschiebung ist während des Polarisationsvorganges der Keramik messbar. Nachdem der Polarisationsvorgang abgeschlossen ist, drehen sich die Domäneschwerpunkte geringfügig, weil sie bestrebt sind, einen neutralen Zustand zu erreichen. Als Resultat bleibt aber eine sogenannte remanente Polung der Piezokeramik erhalten, welche für die weitere technische Nutzung relevant ist. [1], [7], [8], [9], [10]

Ein bedeutendes Einsatzkriterium für Piezokeramiken ist daher, dass diese immer unterhalb der Curie-Temperatur betrieben werden müssen, um eine Depolarisation zu vermeiden. Als technischer Richtwert gilt [1]:

$$T_{Einsatz} \leq T_{Curie} - 80°C \qquad (2.1)$$

Im Laufe der letzten Jahrzehnte wurden durch Zugabe verschiedener Zusatzstoffe unterschiedliche Stöchiometrien für die Herstellung von PZT-Keramiken entwickelt. Somit ist es auch möglich, je nach Anwendungsfall die Curie-Temperatur in einem Bereich von ca. *140°C* bis hin zu *340°C* zu variieren. [1], [8]

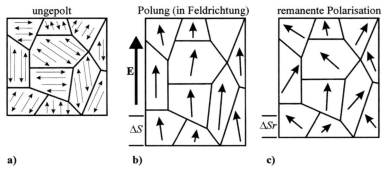

Bild 2.2: Domänen von PZT vor und nach der Polarisation (verändert nach [1])
ΔS = Längenänderung während der Polung
ΔSr = remanente Längenänderung nach dem Polungsvorgang

Wie bereits die Brüder Curie festgestellt hatten, existiert ein direkter, annähernd linearer Zusammenhang zwischen der mechanischen Beanspruchung T_i (Druck, Zug), einer Piezokeramik und der daraus induzierten elektrischen Ladung. Die zusätzliche elektrische Polarisation P_j ergibt sich aus [1]:

$$P_j = d_{ij} \cdot T_i \qquad (2.2)$$

Hierbei ist d_{ij} die materialabhängige piezoelektrische Ladungskonstante. Auf Grund des tetragonalen Gitters der Einheitszelle (Bild 2.1 b) ist diese Konstante abhängig von der Polarisations- und Beanspruchungsrichtung. Wichtig hierbei ist die Nomenklatur für die verwendeten Indizes i,j mit $\{i \in N | 1 \leq i \leq 3\}$ und $\{j \in N | 1 \leq i \leq 6\}$. Es ist zu beachten, dass die Polarisationsrichtung immer als Raumachse *3* (z) definiert wird (Bild 2.3). Der Index *i* kennzeichnet die Richtung der erzeugten elektrischen Verschiebung (piezoelektrischer Effekt) oder des angelegten elektrischen Feldes (inverser piezoelektrischer Effekt). Mit *j* wird die Richtung der angelegten mechanischen Spannung oder erzeugten Dehnung angegeben. Beim direkten piezoelektrischen Effekt ist ein linearer Zusammenhang zwischen der Polarisation und der mechanischen Spannung gemäß Gleichung 2.2 gegeben. Aus diesem Grund ergibt sich beim Anlegen einer elektrischen Feldstärke E_i eine zusätzliche Polarisation, die eine mechanische Spannung und in Abhängigkeit der Elastizität zu einer Formänderung S_j führt. Die thermodynamischen Gründe und Zusammenhänge wurden von Lippmann entdeckt [9]. Dieser sogenannte inverse piezoelektrische Effekt kann beschrieben werden als [1]:

$$S_j = d_{ij} \cdot E_i \qquad (2.3)$$

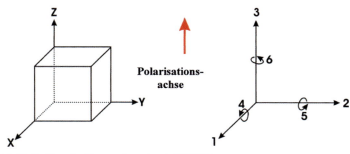

Bild 2.3: Definition der Raumachsen (nach [10][11])

Die Proportionalitätskonstante d_{ij} in Gleichung 2.2 bzw. 2.3 wird als piezoelektrische Konstante bezeichnet, die für beide Effekte numerisch identisch ist. Auf Grund der Volumenerhaltung folgt, dass bei einer mechanischen Stauchung, z.B. unter Nutzung des d_{33}-Effektes (erzeugtes E-Feld und Deformation in Richtung der Achse 3), immer gleichzeitig eine Dehnung der Elementarzelle in Richtung der Achsen 1 und 2 erfolgt. Aus Symmetriegründen im tetragonalen System ist diese Folgedehnung in beide Achsrichtungen gleich, und es wird vereinfacht von einem d_{31}-Effekt gesprochen. [1], [10][11]

Allgemein gilt für die materialabhängigen Proportionalitätskonstanten von PZT [1]:

$$|d_{33}| > |d_{31}|$$

mit:

$$d_{33} > 0 \text{ und } d_{31} < 0$$

Hieraus resultierend ergeben sich drei Varianten für die technische Nutzung des Piezoeffektes als Sensor- oder Aktorelement. Bild 2.4 a zeigt die am häufigsten verwendete Form mit den gegenüberliegenden Elektroden für die E-Feld-Induzierung / Anlegung auf der Ebene 3 und der Nutzung der erzeugten / angelegten mechanischen Spannung σ_3 (d_{33}-Effekt). Die schematische Anordnung für die Nutzung des d_{31}-Effektes ist in Bild 2.4 b dargestellt. Bild 2.4 c verdeutlicht den Schereffekt bzw. d_{15}-Effekt.

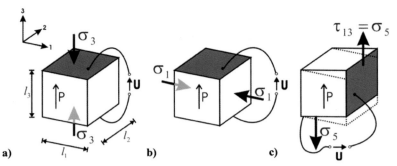

Bild 2.4: Gebräuchliche Anordnungen bei der Nutzung des Piezoeffekts (nach [13])

Während des ersten Weltkrieges wurde die Nutzung des piezoelektrischen Effektes vorangetrieben. Als erste technische Anwendung von Piezokristallen wurde 1918 von dem Franzosen Paul Langévin das weltbekannte SONAR (*sound navigation and ranging*) für die Unterwasserortung entwickelt [7], [9]. Langévin hatte die Kristalle mosaikartig zwischen zwei Stahlplatten angeordnet und vergossen. Den gesamten Aufbau regte er mit ungefähr *50 kHz* in Resonanz an und leitete die so erzeugten Schallwellen in das Meerwasser ein. Von Hindernissen, wie z.B. dem Meeresgrund oder Gegenständen, wurden die Schallwellen unterschiedlich reflektiert und von Langévin's Aufbau wieder detektiert. Durch die Bestimmung der unterschiedlichen Schalllaufzeiten konnte auf diese Weise die Entfernung zum reflektierenden Objekt in einer Tiefe von bis zu *1.500 m* gemessen werden. Bemerkenswert ist auch, dass Langévin die Kristalle sowohl als Schallerzeuger (indirekter piezoelektrischer Effekt), als auch als Schallempfänger (direkter piezoelektrischer Effekt) nutzte. Ohne Berücksichtigung von Trägheitsanteilen realer Aktoren liegen die Ansprechzeiten des piezoelektrischen Effektes im Nanosekundenbereich [1], [7], [8], [10].

2.2 Bauformen von PZT-Aktoren und Wegvergrößerungssystemen
2.2.1 Platten

Als einfachste Bauform von Piezoaktoren kommen Scheiben- oder Plattenaktoren ([1], [8], [10], [11]) zum Einsatz. Sie finden ein breites Einsatzspektrum von Piezohochtonlautsprechern über Kfz-Einparkhilfen bis hin zu Ultraschallerzeugern. Abgeleitet von Gleichung 2.3 gilt für ihre Dickenänderung in Polarisationsrichtung:

$$S_3 = \frac{\Delta h}{h} = d_{33} \cdot E_3$$

mit der elektrischen Feldstärke $E_3 = \frac{U}{h}$ folgt

$$\Delta h = d_{33} \cdot U \tag{2.4}$$

Ein allgemeiner Richtwert ist, dass eine maximale Feldstärke von ca. *3..4 kV/mm* in Polarisationsrichtung nicht überschritten werden sollte, um einen Durchschlag und damit verbundene eine Zerstörung der Keramik zu verhindern. Zur Vermeidung einer Depolarisation des Aktors sollten entgegen der Polarisationsrichtung Feldstärken von über *200 V/mm* nicht angelegt werden, d.h. weitgehend unipolar betrieben werden. [12] Weiterhin ist in Gleichung 2.4 die Linearität zwischen der angelegten elektrischen Spannung und der daraus resultierenden geometrischen Dickenänderung zu erkennen. Möchte man bei der Dimensionierung eines piezoelektrischen Plattenaktors den maximal erreichbaren Stellweg vergrößern, so muss die Keramik dicker ausgelegt werden. Diese Dickenzunahme hat aber wiederum eine Erhöhung der Ansteuerspannung zur Folge, um die maximal nutzbare Feldstärke von *1 kV/mm* aufrecht zu halten. Um ein Gefühl für die Längenänderung von Piezokeramiken zu bekommen, kann man nach [1] für PZT in erster Betrachtung von folgender Beziehung ausgehen (Bild 2.5):

$$\Delta h_{max}(U_{max}) \approx 1\text{\textperthousand} \cdot h \tag{2.5}$$

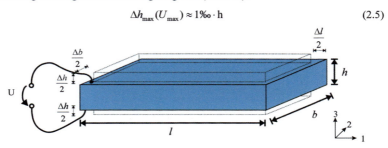

Bild 2.5: Deformation eines Plattenaktors (ohne Schereffekt dargestellt)

2.2.2 Multilayeraktoren

Um die Ansteuerspannung für einen Piezoaktor so gering wie möglich zu halten, aber gleichzeitig einen brauchbaren Stellweg zu erzielen, wurden Multilayeraktoren ([1], [8], [10], [11]) entwickelt. Hierbei unterscheidet man zwischen Scheibenstapelaktoren und Vielschichtstapelaktoren, welche sich in ihrer Fertigung und Einzelschichtdicke unterscheiden. Beide Varianten beruhen auf dem gleichen Funktionsprinzip, wobei mehrere dünne kontaktierte Piezoaktoren gestapelt und miteinander verklebt werden. Als Wirkprinzip wird hierbei der d_{33}-Effekt ausgenutzt. Auf Grund der dünnen Wandstärken werden sie mit einer niedrigen Spannung angesteuert, und ihre Auslenkung wird durch den verklebten Aufbau aufsummiert. In Tabelle 2.1 sind vergleichsweise typische Werte für die einzelnen Aktoren aufgelistet.

	Monolith	Scheibenstapel	Vielschichtstapel
Höhe	*10 mm*	*10 mm*	*10 mm*
Grundfläche	*10 x 10 mm²*	*10 x 10 mm²*	*10 x 10 mm²*
Anzahl Schichten	*1*	*25*	*250*
Einzelschichtdicke	*10.000 µm*	*400 µm*	*40 µm*
Spannung	*10.000 V*	*400 V*	*40 V*
Auslenkung Δl	*10 µm*	*10 µm*	*10 µm*
Blockierkraft	*5200 N*	*5200 N*	*5200 N*

Tabelle 2.1: Vergleich Monolith-, Scheibenstapel- und Vielschichtstapelaktoren [1]

Durch die Multilayeranordnung ist es zwar technisch möglich, mit einer viel geringeren Ansteuerspannung den gleichen Stellweg im Vergleich zu einem monolithischen Aktor gleicher Außenabmaße zu erreichen, jedoch fällt auf, dass physikalisch bedingt die maximale Auslenkung von *1 ‰* pro Aktorgesamtdicke nicht überschritten werden kann. Multilayeraktoren kommen deshalb zum Einsatz, um die benötigte Steuerspannung zu senken, aber nicht um einen größeren Stellweg bei gleichen Einbauabmaßen zu erreichen. Ihre Zug- und Querkraftbelastung ist durch den jeweils verwendeten Kleber begrenzt. [1].

2.2.3 Biegewandler

Abgeleitet von dem Funktionsprinzip eines Bimetallstreifens wurden piezoelektrische Biegewandler ([1], [8], [10], [11], [14]) entwickelt. Bei einem Bimetallstreifen werden zwei Metallstreifen, welche unterschiedliche Wärmeausdehnungskoeffizienten haben, miteinander verklebt. Durch eine Erwärmung der Streifen dehnen sich diese unterschiedlich aus und erzeugen dadurch eine Materialverspannung, welche eine Biegung der Elemente hervorruft. Dieses Wirkprinzip liegt den piezoelektrischen Biegewandlern ebenfalls zu Grunde, jedoch mit dem Unterschied, dass diese sich nicht durch eine Wärmezufuhr verbiegen, sondern infolge einer angelegten elektrischen Spannung. Im Vergleich zu den zuvor vorgestellten Aktorbauformen wird in diesem Anwendungsbereich der d_{31}-Effekt der Keramiken ausgenutzt (Bild 2.6). Im Laufe der Zeit haben sich verschiedene Aufbauten der Biegewandler etabliert. Ein heterogener Bimorph-Biegewandler besteht aus einem nicht piezoelektrischen Substrat, auf dem eine

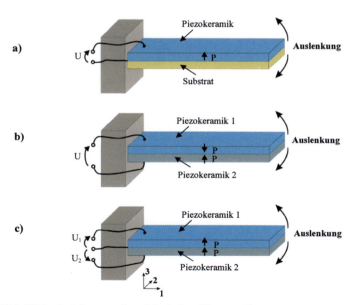

Bild 2.6: Wirkprinzipien von piezoelektrischen Biegewandlern

Kapitel 2. Piezoelektrische Elemente

Piezokeramik aufgeklebt oder durch andere Fertigungsverfahren (z.B. Dickschichttechnik) aufgetragen wird (Bild 2.6 a). Lediglich durch die Expansion der Keramik infolge der angelegten Ansteuerspannung wird diese Anordnung ausgelenkt.

Um einen größeren Stellweg zu erhalten, werden zwei Keramiken mit entgegengesetzter Polarisationsrichtung zusammengeklebt. Die elektrische Ansteuerung erfolgt aber nur über die Außenflächen der Keramiken, die Innenelektroden werden für die Ansteuerung nicht verwendet. Wenn nun eine Ansteuerspannung angelegt wird, dehnt sich die eine Keramik aus, während sich die andere zusammenzieht. Es lassen sich durch diese Anordnung serielle Bimorph-Biegewandler mit relativ großen Stellwegen realisieren (Bild 2.6 b).

Eine weitere Form der Biegeaktoren sind die parallelen Bimorph-Aktoren (Bild 2.6 c). Sie bestehen aus zwei in gleicher Richtung polarisierten Keramiken und werden über drei Elektroden angesteuert. In der Standardansteuerung liegt an der Mittelelektrode die Steuerspannung an. Die beiden Oberflächenelektroden werden auf Masse gelegt. Dieses hat zur Folge, dass immer einer der beiden Aktoren entgegen der Polarisationsrichtung betrieben wird und kontrahiert, wobei der andere sich ausdehnt. Im unimorphartigen Betrieb wird nur eine Keramik mit der Steuerspannung betrieben und dient als Aktorelement. Die zweite Keramik funktioniert als Sensorelement. Über ihre Elektroden kann das Messsignal abgegriffen werden.

In Tabelle 2.2 sind einige Kennwerte kommerzieller Biegeaktoren aufgelistet. Es fällt auf, dass auf einer Aktorlänge von nur *27 mm* ein sehr großer Stellweg mit *±450 µm* bei einer sehr geringen Ansteuerspannung von $U= ±30$ V erreicht wird. Biegewandler eignen sich sehr gut, um große Verstellwege zu erreichen. Ein sehr großer Nachteil ist aber, dass die Stellkräfte in einem sehr geringen Bereich von bis zu zwei Newton liegen (bauformabhängig).

Herstellerbezeichnung	PL112.10	PL122.10	PL127.10
Länge	*12 mm*	*22 mm*	*27 mm*
Breite	*9,6 mm*	*9,6 mm*	*9,6 mm*
Dicke	*0,65 mm*	*0,65 mm*	*0,65 mm*
Spannung	*60 V (±30 V)*	*60 V (±30 V)*	*60 V (±30 V)*
Auslenkung Δl	*±80 µm*	*±250 µm*	*±450 µm*
Blockierkraft	*±2 N*	*±1,1 N*	*±1 N*

Tabelle 2.2: Typische Kennwerte von piezoelektrischen Biegeaktoren [14]

2.2.4 Dreidimensionale monolithische Aktoren

Die bisher vorgestellten Bauformen und Wirkprinzipien von Piezoaktoren sind Stand der Technik und haben sich über Jahrzehnte hin etabliert. Sie kommen je nach ihrem Anwendungsfall in gegebenenfalls abgewandelter Art und Weise zum Einsatz.

Ein neues und noch nicht verbreitetes Wirkprinzip von PZT-Aktoren ist das der dreidimensionalen monolithischen Piezoaktoren. Neben der in dieser Arbeit vorgestellten Entwicklung eines geeigneten piezoelektrischen Drosselelementes für einen adaptiven Gasfederdämpfer sind parallel mehrere Lösungsansätze für mögliche PZT-Aktoren auf Basis von „echten" dreidimensionalen Geometrien entstanden. Alle bisher erhältlichen Aktoren weisen auf den ersten Blick eine Vielzahl an unterschiedlichen Bauformen (z.B. Plättchen, Scheiben oder Ringe) auf. Bei einer genaueren Betrachtung fällt allerdings auf, dass diese immer aus Elementen mit einer konstanten Dicke in Polarisationsrichtung bestehen (z.B. Vielschichtstapel mit *40 μm* Schichtdicke oder Monolithaktoren mit *10 mm* Bauhöhe). Vorgreifend auf das Kapitel 2.3 sei an dieser Stelle nur erwähnt, dass der Grund für die bisher konstante Aktordicke auf die etablierten Formgebungsverfahren (Trockenpressen und Foil-Casting) von PZT-Keramiken zurückzuführen ist.

Abgeleitet von dem Funktionsprinzip der Biegeaktoren wurde untersucht, wie sich eine PTZ-Keramik mit unterschiedlichem Dickenverhältnis in Polarisationsrichtung unter Ausnutzung des D31-Effektes in Richtung der Achsen *1* bzw. *2* ausdeht. Wenn ein Piezoaktor (Bild 2.7 a) mit einer Länge von *25 mm* und einer über die gesamte Länge linear zunehmenden Dicke von *1 mm* auf *4 mm* an seiner Außenkante eingespannt wird, so dehnt sich dieser beim Anlegen einer Steuerspannung in Polarisationsrichtung (Achse *3*) nicht konstant in Richtung der Längsachsen (Achse *1* und *2*) aus. Wird nun ein orthogonales Führungslager an der gegenüberliegenden Außenkante angebracht, kann der Aktor sich nur noch in Richtung der Achse *3* verschieben. Infolge der Expansion / Kontraktion in Richtung der Achse *1* erfolgt eine Aktorverschiebung in Richtung der Achse *3*.

Weil praktisch betrachtet die Realisierung des orthogonalen Führungslagers unter der Berücksichtigung eines wirkenden Momentes und einer daraus folgenden Verkippung des Aktors schwer umsetzbar ist, wird dieser Aktor erweitert und um das Führungslager gespiegelt. Wenn nun beide Aktoraußenkanten eingespannt werden und in Polarisationsrichtung (Achse *3*) eine Steuerspannung angelegt wird, so verschiebt sich der Aktormittelpunkt ebenfalls in Richtung der Achse *3* (Bild 2.7 b).

Kapitel 2. Piezoelektrische Elemente

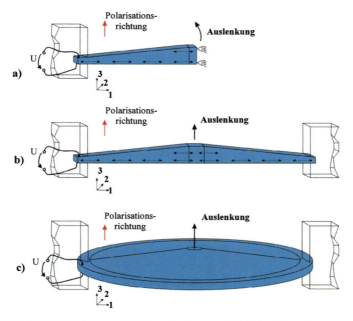

Bild 2.7: Wirkprinzipien von dreidimensionalen monolithischen Piezoaktoren

Um den wirkenden d_{31}-Effekt, welcher für eine Expansion / Kontraktion in Richtung der Achsen *1* und *2* verantwortlich ist, effektiver nutzen zu können, wird der Aktorquerschnitt aus Bild 2.7 a um das orthogonale Führungslager um *360°* zu einem Vollkörper gedreht. Diese so entstehende Scheibe hat einen Durchmesser von *50 mm* und eine Dicke am Rand von *1 mm*, welche linear zum Scheibenmittelpunkt auf *4 mm* zunimmt. Die Scheibe wird am gesamten Randbereich eingespannt. Es wird wieder eine Ansteuerspannung in Richtung der Polarisationsachse *3* angelegt. Als Resultat kann sich der Aktormittelpunkt nur in Richtung der Achse *3* verschieben.

Diese Überlegung wurde mit Hilfe von FEM-Berechnungen mit dem Programm *Ansys*© überprüft. Als piezoelektrisches Material wurden hierfür die Parameter von *PI 181* (PZT-Keramik der Firma *PI Ceramic*, Materialdaten im Anhang A.1) und eine Ansteuerspannung von *1 kV* gewählt. Die Simulation ergab eine Verschiebung des Aktormittelpunktes um *7,23 µm* in Richtung der Achse *3*. Wenn man berücksichtigt, dass eine Piezokeramik sich in Polarisationsrichtung um maximal *1 ‰* bei einem angelegten elektrischen Feld von *1 kV/mm* dehnt, so ist hier bereits eine weitaus größere Auslenkung erkennbar. Weiterhin ist zu berücksichtigen, dass an dem dicksten Querschnitt von *4 mm* eine Spannung von *1 kV* anliegt, was einer elektrischen Feldstärke von *0,25 kV/mm* entspricht. Als Referenzsimulation wurden zwei Scheiben gleichen Materials, mit einer Einspannung an den Außenkanten und einer Steuerspannung von *1 kV*, aber mit einer konstanten Dicke von *1 mm* für die erste Scheibe und *4 mm* für die zweite Scheibe simuliert. Die Scheibe mit der konstanten Dicke von *1 mm* hatte eine maximale Auslenkung von *0,0593 µm* und die zweite Scheibe mit der konstanten Dicke von *4 mm* eine maximale Auslenkung von *0,0594 µm* in Richtung der Achse *3*. Eine detaillierte Übersicht zur den Simulations- und anschließenden realen Messergebnissen ist im Anhang A.2 zu finden.

Zusammenfassend stellte sich heraus, dass bei einem zur Verfügung stehenden, definierten Aktorbauraum (in diesem Beispiel *4 mm* Höhe und einem Durchmesser von *50 mm* sowie einer konstanten Aktorspannung) durch Variation des Aktorquerschnittes eine um fast das Einhundertfache größere Aktorauslenkung erzielt werden kann (Tabelle 2.3) [15], [16]. Ein weiterer positiver Nebeneffekt der dreidimensionalen monolithischen Piezoaktoren mit einem nicht konstanten Querschnitt ist, dass diese ein größeres Flächenträgheitsmoment aufweisen und dadurch auch mechanisch stabiler sind.

Aktorbauform			
Durchmesser	*50 mm*	*50 mm*	*50 mm*
Dicke	*1 mm*	*4 mm*	*1..4 mm*
Spannung	*1.000 V*	*1.000 V*	*1.000 V*
Auslenkung Δz	*0,0593 µm*	*0,0594 µm*	*7,23 µm*

Tabelle 2.3: Vergleich monolithische Aktoren *1 mm*, *4 mm* Dicke und 3D-Aktor

Theoretisch betrachtet, sollte eine Kombination aus einem Multilayeraktoraufbau und dem in diesem Punkt beschriebenen Aktor mit einem nicht konstanten Querschnitt zu einer annähernd gleich großen Auslenkung führen, wobei auf Grund des Mulitlayeraufbaues eine geringere Ansteuerspannung benötigt wird.

2.2.5 Vergleich des Standes der Technik von Aktorvarianten

Die bisher vorgestellten Varianten von Piezoaktoren sind immer für einen bestimmten Anwendungsbereich optimiert. Dieser ist entweder ein großer Stellweg, eine geringe Ansteuerspannung oder eine große Aktorkraft. Es ist schwierig, die vorgestellten Aktorvarianten qualitativ miteinander zu vergleichen, weil sie sowohl in ihrer Form als auch in ihren geometrischen Abmaßen sehr verschieden sind. Quantitativ lassen sie sich aber folgendermaßen verallgemeinert charakterisieren:

- Platten- oder auch Scheibenaktoren finden ihre Anwendung in Bereichen, in denen keine großen Stellwege benötigt werden. Sie eignen sich hervorragend, um im Resonanzbetrieb hochfrequente Schwingungen zu erzeugen und kommen deshalb auch in Hochtonlautsprechern und Ultraschallwandlern zum Einsatz. Für rein statische Auslenkungen sind sie mehr oder weniger ungeeignet.

- Multilayeraktoren hingegen ermöglichen bei niedrigen Ansteuerspannungen einen größeren Stellweg, welcher aber auch noch im µm-Bereich liegt. Sie weisen eine große Aktorstellkraft auf, sind aber auf Grund ihres mehrschichtigen Aufbaus sehr groß.

- Mit Biegewandlern lassen sich die größten Stellwege im Millimeterbereich erreichen. Ihre Ansteuerspannung liegt, je nach Schichtdicke der Aktoren, auch in einem moderaten Bereich von *10V* bis ca. *100V*. Ihr größter Nachteil ist, dass sie nur sehr kleine Stellkräfte im unteren Newton-Bereich erzeugen. Resultierend aus ihrer Bauform (Verhältnis der Keramikdicke zur Keramiklänge) und der allgemein bekannten spröden Eigenschaft von PZT können sie bereits durch geringe Krafteinwirkung mechanisch zerstört werden.

- Dreidimensionale monolithische Piezoaktoren erreichen im Vergleich zu Vielschichtaktoren und dickeren Plattenaktoren gleicher geometrischer Außenmaße einen viel größeren Stellweg, welcher mehrere hundert µm beträgt. Die relativ hohen Ansteuerspannungen können bei Bedarf auch durch einen 3D-Multilayeraufbau kompensiert werden.

Es gibt auch Lösungsansätze mit strukturierten Piezokeramiken sowie hybride Aktorkonzepte auf Basis von Kombinationen aus Piezokeramik und nicht keramischen Materialien [5], [17], [18], [19], [20]. Derartige Aktorbauformen sind aber nur auf eine gewünschte Zielfunktion, große Stellwege mit geringer Aktorkraft oder niedrige Ansteuerspannungen hin optimiert. Vorweg greifend auf die Aktoranforderungen für das Drosselelement im GFD, welche in Kapitel 3.2 beschrieben sind, können die bisher erwähnten Aktorvarianten nicht für die Regelung eines großen Durchflussquerschnittes in einem GFD bei einer gleichzeitig wirkenden, hohen Druckdifferenz im Bereich von *1-5 Bar* genutzt werden.

2.3 Formgebung von Piezokeramiken

Auf den folgenden Seiten werden die am meisten verbreiteten Formgebungstechnologien für Piezokeramiken erörtert und verglichen. Bei jedem Formgebungsprozess spielt die jeweilige Aufbereitung des Ausgangsmaterials eine große Rolle. Prozessparameter und -charakteristika müssen eindeutig definiert und eingehalten werden, um eine Reproduzierbarkeit gewährleisten zu können.

Die Ausgangskeramik liegt als feines Pulver vor und wird je nach gewählter Verarbeitungstechnologie mit Bindemitteln versehen oder direkt geformt. In den einzelnen Produktlebenszyklen spricht man nach dem Formgebungsprozess von einem Grünteil (bzw. Grünling), nach gegebenenfalls benötigter Entbinderung von einem Braunteil und am Ende des Sinterzyklus vom Fertigteil. Unabhängig vom gewählten Formgebungsverfahren und den dazugehörigen Entbinder- bzw. Sinterprozessen, müssen alle keramischen Fertigbauteile noch metallisiert, polarisiert und elektrisch kontaktiert werden. Bild 2.8 veranschaulicht in Form eines Ablaufplanes alle relevanten Prozessschritte. Auf Grund der verschiedenen und teils sehr anwendungsspezialisierten Formgebungstechnologien werden nachfolgend die wichtigsten und am weitesten verbreiteten Methoden erörtert.

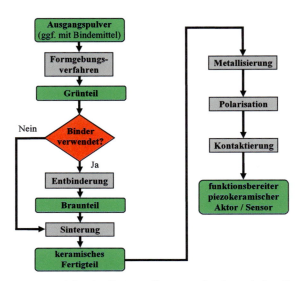

Bild 2.8: Prozessschritte für die Herstellung von piezokeramischen Bauteilen

2.3.1 Trockenpressen

Ein weit verbreitetes Formgebungsverfahren von Keramiken und Piezokeramiken ist das Trockenpressen. Wie bereits aus dem Verfahrensnamen hervorgeht, ist eine sehr geringe Restfeuchte des Keramikpulvers, welche gegen Null tendiert, kennzeichnend. Eine Nachtrocknung ist demzufolge nicht erforderlich. Daher tritt bei diesem Formgebungsprozess keine Materialschrumpfung ein. Das gut rieselfähige Piezokeramikgranulat wird unter hohem Druck in einer Stahlmatrize verdichtet. Wegen der Abrasivität des Keramikmaterials müssen die verwendeten Matrizen teilweise aus Hartmetall gefertigt werden. Die Verdichtung des Keramikpulvers erfolgt uni-axial und kann, je nach technologischer Realisierungsmöglichkeit, ein- oder zweiseitig erfolgen (Bild 2.9). Auf Grund der uni-axialen Pressrichtung sollten die herzustellenden Keramikbauteile eine annähernd konstante Wandstärke aufweisen. Andernfalls kommt es zu unterschiedlichen Verdichtungsbereichen im Grünteil (Bild 2.10), welche beim anschließenden Sinterschritt unweigerlich zum Materialverzug des Bauteiles führen. Weiterhin ist das Trockenpressen auf eine minimale Bauteildicke von ca. *0,8* bis *1 mm* limitiert. Unterhalb dieser gestaltet sich das Handling der Presskörper (Entnehmen für die Weiterverarbeitung) als schwer realisierbar. Dieses Verfahren eignet sich somit für Produkte mit einer hoher Maßhaltigkeit, einer gewissen Mindestdicke und in großen Stückzahlen [8].

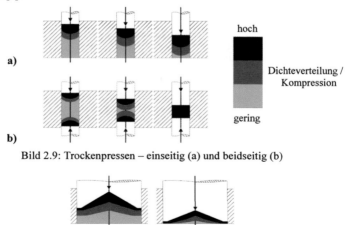

Bild 2.9: Trockenpressen – einseitig (a) und beidseitig (b)

Bild 2.10: Trockenpressen – unterschiedliche Verdichtung bei nicht konstanten Wandstärken

2.3.2 Foil-Casting

Die Herstellung dünner PZT-Platten erfolgt in der Großserienproduktion nach dem Foliengussprinzip, welches auch als Foil-Casting bezeichnet wird. Hierfür wird das piezokeramische Pulver mit Lösungs- und Dispergiermitteln zu einem gießfähigen Schlicker vermischt. Für eine optimale Durchmischung des PZT-Pulvers und Lösungsmittels werden die Dispergiermittel benötigt, weil es sich hierbei um zwei eigentlich nicht miteinander mischbare Substanzen handelt. Die so gewonnene fließfähige Dispersion wird im Anschluss auf einer Foliengießbank gleichmäßig vergossen. Der Schlicker läuft hierbei auf eine Folie (Foil), wobei die Materialauftragsdicke mittels eines höhenverstellbaren Gießrakels (doctor-blade) eingestellt werden kann. Im nächsten Schritt durchläuft die Masse einen Trocknungstunnel, in dem das Lösungsmittel entweicht. Als Ergebnis ist eine selbsttragende Keramikmasse vorhanden, welche von der Folie gelöst und in entsprechende Formen gestanzt oder geschnitten werden kann. Diese Formen müssen nur noch gesintert werden. Ein großer Vorteil dieses Verfahrens gegenüber anderen Technologien, wie z.B. dem Trockenpressen, ist die hohe Fertigungskapazität und die Realisierbarkeit dünner PZT-Schichten mit einer hohen Reproduzierbarkeit. [1], [8], [9]

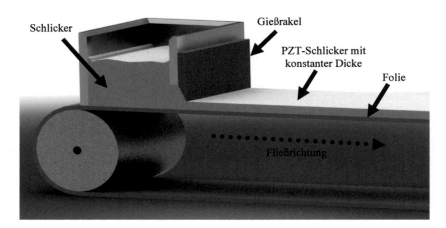

Bild 2.11: Schema Foil-Casting

2.3.3 Gel-Casting

Im Bereich der Mikrosystemtechnik werden sehr häufig kleine, strukturierte PZT-Elemente als Aktoren sowie Sensoren benötigt. Wie bereits aus dem Namen des Anwendungsbereiches hervorgeht, handelt es sich hierbei um Elemente, welche Strukturen im µm-Bereich aufweisen. Derartige Abformgenauigkeiten lassen sich mit dem Trockenpressen bzw. Foil-Casting nicht realisieren.

Die Grundidee beim Gel-Casting ist es, eine zähflüssige Masse mit einem sehr hohen Anteil an PZT herzustellen und diese anschließend in eine Gussform zu geben (Bild 2.12). Als Grundmaterial für die Abgussform dienen z. B. Silizium-Wafer oder PMMA-Substrat (Polymethylmethacrylat bzw. umgangssprachlich Plexiglas oder Acrylglas). Ein Vorteil bei der Verwendung von Si-Wafern ist, dass diese mit den Standardprozessen, welche in der Halbleiter- und Mikrosystemtechnik zum Einsatz kommen, strukturiert werden können. Hierzu zählen u. a. das Aufschleudern von Fotolack, die Belichtung mittels Fotolithographie sowie der Entwicklungs- und anschließende Ätzprozess. Auf diese Weise können kleinste Negativformen des gewünschten Keramikbauteils hergestellt werden.

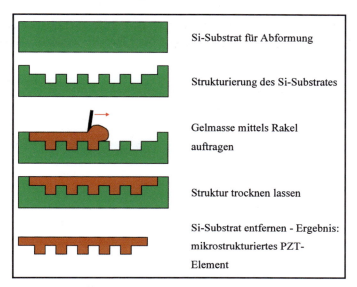

Bild 2.12: Prozessschritte beim Gel-Casting

In die Negativform wird mit Hilfe eines Rakels die gelartige PZT-Masse gleichmäßig aufgetragen und anschließend getrocknet. Abhängig von den verwendeten Chemikalien für die Gelherstellung kann der Trocknungsprozess bei Raumtemperatur oder in einem Ofen durchgeführt werden. Der letzte Schritt in dieser Formgebung ist das Entfernen des Si-Substrates, wodurch die selbsttragende Keramikmasse nun vollständig für den anschließenden Sinterprozess präpariert ist.

Mit Hilfe dieses Verfahrens lassen sich sowohl kleinste mikrokeramische Bauteile mit hoher Präzision als auch großvolumige Körper herstellen. Nachteilig bei der Verwendung von mikrostrukturierten Si-Wafern oder PMMA-Substraten ist, dass diese bei der Entformung zerstört werden. Aus diesem Grund ist diese Formgebung nur für kleine Stückzahlen und Prototypen geeignet. Weiterhin ist zu berücksichtigen, dass einige für die Gelherstellung verwendete Chemikalien toxische bis sogar erbgutverändernde Eigenschaften haben. [21], [22], [23], [24]

2.3.4 Keramischer Spritzguss und Bindersysteme

Ein weiterer, sehr verbreiteter Formgebungsprozess ist die spritzgusstechnische Verarbeitung von Keramiken oder auch *Ceramic Injection Molding* (CIM) genannt. Die Spritzgusstechnik allgemein ist ein seit Jahrzehnten ausgereiftes und etabliertes Massenproduktionsverfahren, welches hauptsächlich in der Kunststofftechnik zum Einsatz kommt. Das Funktionsprinzip (Bild 2.13) beruht darauf, dass das zu verarbeitende Material in einer Plastifizierungseinheit der Spritzgussmaschine unter Temperatureinwirkung in einen homogenen flüssigen bis zähflüssigen Zustand aufgeschmolzen wird. Um die Homogenität im Aufschmelzvorgang und gleichzeitig den Materialtransport in der Plastifiziereinheit zu gewährleisten, kommt eine drehende, schraubenförmige Stange (Schnecke) in einem dazu bündig ausgelegten Plastifizierzylinder zum Einsatz. Entlang des Plastifizierzylinders sind wiederum mehrere unabhängig voneinander regelbare Heizelemente angeordnet, die das Material während seines Durchlaufvorganges vom Schneckeneinzug bis hin zum Ende des Zylinders erwärmen und aufschmelzen. Diese sogenannte Schmelze wird dann unter hohem Druck durch eine Vorwärtsbewegung der Schnecke in das Spritzgusswerkzeug eingespritzt, in dem das Material abkühlt und dadurch wieder in den festen Aggregatzustand übergeht. Im Anschluss an den Abkühlvorgang wird der erzeugte Spritzling aus der Kavität des Spritzgusswerkzeuges entformt, und ein neuer Produktionszyklus kann beginnen.

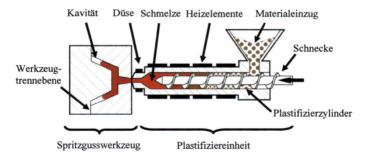

Bild 2.13: Funktionsprinzip Spritzgussverfahren (nach [25])

Kapitel 2. Piezoelektrische Elemente

Sehr vorteilhaft für die Konstruktion von Spritzgusswerkzeugen im CIM-Bereich ist, dass auf die Dimensionierungsgrundlagen (z.B. Entformungsschrägen, Anguss-dimensionierung) und Erfahrungen aus dem Kunststoffbereich zurückgegriffen werden kann. Weil das jeweilige Ausgangsmaterial in flüssiger Form in die Kavität gespritzt wird, können mit entsprechendem konstruktiven Aufwand bei dem Werkzeuglayout nahezu alle dreidimensionalen Volumenkörper umgesetzt werden. Die Größenordnungen und gleichzeitig die Abformgenauigkeit der realisierbaren Spritzlinge im Kunststoffbereich reichen von großen komplexen Stoßstangen für den Kfz-Bereich bis hin zu nanostrukturierten Oberflächen, wie sie bereits Stand der Technik im Bereich der Blue-ray Disk™-Herstellung mit einem Pitchabstand von *320 nm* sind (Bild 2.14) [26].

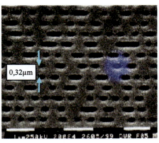

Bild 2.14: REM-Aufnahme – Datentrackabstand einer Blu-ray Disk™ [26]

Mit nur einem Spritzgusswerkzeug können, je nach benötigten Einspritzdrücken und Abrasivität der Schmelze, zwischen *10.000* und mehr als *100.000* Teile gespritzt werden, bis das Werkzeug verschlissen ist. Weiterhin kann der gesamte Formgebungszyklus nahezu komplett vollautomatisch ablaufen. Hierdurch eignet sich das Spritzgussverfahren für große Stückzahlen, komplexe Bauteilgeometrien sowie für präzise Abformgenauigkeiten.

Um ein Keramikpulver spritzgießtechnisch verarbeiten zu können, muss dieses mit einem thermoplastischen Bindersystem zu einem sogenannten Feedstock gemischt werden. Hierbei hat das Bindersystem nur die Aufgabe, während des Spritzvorgangs das keramische Pulver zu transportieren und anschließend in der gewünschten Form zu halten. Als Feedstock werden verarbeitungsfertige Massen (entweder Oxid- oder Nichtoxidkeramiken) für den thermoplastischen oder Hochdruckspritzguss bezeichnet. Sie zeichnen sich dadurch aus, dass sie über eine spezifische Aufbereitungstechnik für die extremen Anforderungen in dieser Formgebungstechnologie im Hinblick auf Homogenität konditioniert werden. Diese Materialhomogenität ist notwendig, um eine geringe Binderdosierung *(≤ 20 Vol.-%)*, die Vermeidung von Entmischungserscheinungen und ein breites Verarbeitungsfenster zu realisieren.

Ein typisches Bindersystem setzt sich zusammen aus einem Hauptbinder, gegebenenfalls einem Zusatzbinder, einem Weichmacher und einem Gleitmittel. Die Konzentration der einzelnen Bestandteile beeinflusst die Eigenschaften des spritzgegossenen Grünkörpers (Bild 2.15).

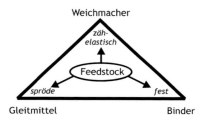

Bild 2.15: Einfluss der Füllstoffe auf den Feedstock bzw. das Grünteil (nach [27])

Hierbei hat sich für die Additive folgendes Mischungsverhältnis in der Praxis bewährt:

Hauptbinder	80 Vol.-%
Zusatzbinder	8 Vol.-%
Weichmacher	8 Vol.-%
Gleitmittel	4 Vol.-%

Tabelle 2.4: Typische Zusammensetzung eines Bindersystems

Der Hauptbinder besteht für CIM-Feedstocks (in der Regel) aus einem thermoplastischen oder duroplastischen Kunststoff. Er ummantelt die Keramikpartikel und transportiert diese während des Spritzgussvorganges. Weiterhin verleiht er dem Spritzling eine gute mechanische Festigkeit und somit auch eine Formbeständigkeit. Sehr häufig wird noch ein Zusatzbinder verwendet. Dieser muss sich unterhalb der Verbrennungstemperatur des Hauptbinders verflüchtigen, um freie Kanäle für das Entweichen des thermoplastischen Hauptbinders zu ermöglichen. Demnach wird ein Zusatzbinder nur verwendet, um das Austreiben des Hauptbinders zu begünstigen und eventuelle Bauteilbeschädigungen auf Grund des Bauteilinnendruckes beim Entbindern zu verhindern. Der Weichmacher begünstigt das Entgraten und ein mögliches Nachbearbeiten des Formteils. Das Gleitmittel erleichtert den gesamten Spritz- und Entformungsprozess.

Binder der ersten Generation basierten auf Polyolefin-Wachsmischungen. Durch langsames Erwärmen wird das Wachs aus dem Grünling ausgeschmolzen. Insbesondere im Schmelzbereich der Wachse muss extrem langsam aufgeheizt werden, um das Bauteil bei der Binderverflüssigung durch die Volumenzunahme nicht zu zerstören. In Abhängigkeit von der Wandstärke kann dieser Schritt mehrere Tage in Anspruch nehmen. Oft ist die Entbinderung der zeitbestimmende Schritt der ganzen Prozesskette und blockiert teure Ofentechnik.

Eine Weiterentwicklung waren teillösliche Systeme. Hier kann ein Teil des Binders durch organische Lösungsmittel herausgelöst werden. Nachteilig sind oft ökologische Aspekte. Deshalb ist man bemüht, die Lösungsmittel in einem Kreislaufsystem zu verwenden. Eine Verbesserung stellt die Verwendung von Polyalkoholen oder Polyvinylalkoholen dar, welche wasserlöslich und biologisch abbaubar sind. Vor dem Sintern müssen die Braunlinge vorgetrocknet werden.

Das *Catamold®*-Bindersystem der Fa. *BASF* beruht auf dem katalytischen Abbau von Polyoxymethylen (Polyacetal / POM) unter Verwendung von hoch konzentrierter Salpetersäure. Hierbei werden die Polymerketten von den Enden her depolymerisiert und zu Formaldehyd abgebaut. Bei diesem Prozess handelt es sich um einen fest-gasförmig Phasenübergang. Im Vergleich zum Polyolefin-Wachs-Bindersystem erfolgt kein Übergang des Bindemittels zur Flüssigphase und somit auch keine kritische Volumenzunahme im Bauteil. Der Entbinderungsvorgang erfolgt strikt von außen nach innen, was eine beschädigungsfreie Entbinderung gewährleistet. Auch der Entbinderungsfortschritt ist mit *1-3 mm/h* sehr hoch und hängt von der Porengröße (bzw. Pulverpartikelgrößenverteilung) und der Wanddicke (Diffusionsweg der Abbauprodukte aus dem Bauteil) ab. Dieses Bindersystem bietet auch die höchsten bekannten Grünteilfestigkeiten und erleichtert den Handlingprozess sehr. Nachteilig ist, dass spezielle Ausrüstungen auf Grund der Verwendung konzentrierter Säuren in einem Ofenraum bei ca. *120°C*, einer definierten Stickstoffatmosphäre und eine Abgasverbrennungsanlage wegen der Bildung von Formaldehyddämpfen erforderlich sind.

Weiterhin gab es bis ca. Ende 2009 ein Konzept der Firma *Imeta GmbH* aus Dresden, bei dem die gespritzten Grünlinge nur getrocknet werden mussten, um das darin befindliche Bindemittel auszutreiben.

2.3.5 Vergleich der verschiedenen Formgebungsverfahren

Es wurden auf den vorangegangenen Seiten die am häufigsten verwendeten Formgebungsverfahren für Piezokeramiken vorgestellt. Es ist unmöglich, einen dieser Prozesse als den Optimalen zu deklarieren, weil mehrere Faktoren für die Prozessauswahl ausschlaggebend sind. Aus rein akademischer Sicht sind das Gel-Casting und der Mikrokeramikspritzguss interessant für die Herstellung kleinster Keramikkörper mit hochpräzisen Abformgenauigkeiten, welche je nach verwendetem Korndurchmesser der Piezokeramik sogar unterhalb eines Mikrometers liegen können. Hierbei ist aber auch die Komplexität des benötigten Abformwerkzeuges oder Spritzgusswerkzeuges zu berücksichtigen und der Fertigungsaufwand im Vergleich zur gewünschten Bauteilstückzahl abzuwägen. Für die Fertigung von Kleinserientestmustern bis hin zu Großserienbauteilen, welche immer eine konstante Geometrie haben sollen, eignet sich das Spritzgussverfahren, weil hier das Spritzgusswerkzeug nur einmal gefertigt werden muss. Werden im Gegensatz dazu aber verschiedene Bauteilgeometrien in kleinen Stückzahlen benötigt, so ist das Gel-Casting-Verfahren besser geeignet.

Weniger komplexe Bauteile können in kleinen bis hin zu großen Stückzahlen wirtschaftlich mit dem Trockenpressen hergestellt werden. Wenn die verwendeten Pressmatrizen aus gehärtetem Material gefertigt wurden, können diese für mehrere tausend Zyklen verwendet werden. Von weiterem ökonomischen Vorteil ist auch der nicht benötigte Entbinderungsschritt, welcher bei den anderen Technologien bis zu mehreren Tagen dauern kann.

Piezokeramische Scheiben und Platten mit einer konstanten Dicke sind aber weiterhin die am meisten verbreiteten Komponenten auf dem Markt. Sie kommen entweder direkt als Einzelelemente oder in Multilayeraufbauten zum Einsatz. Für ihre Herstellung mit den gewünschten Außenabmaßen ist das Foil-Casting mit anschließendem Schneidprozess das aktuell am besten passende Verfahren.

In Tabelle 2.5 sind die wichtigsten Auswahlkriterien für den jeweils am besten geeigneten Formgebungsprozess von Piezokeramiken gegenübergestellt.

Kapitel 2. Piezoelektrische Elemente

	Trockenpressen	Foil-Casting	Gel-Casting	keramischer Spritzguss
Realisierbare Geometrien	2D-Teile (konstante Dicke)	2D-Teile (konstante Dicke)	3D-Teile	komplexe 3D-Teile
Bauteilgrößen	mm<..<cm	Dicke: 50 µm<..<mm	1µm<..≈1m	100µm<..<m
Strukturgrößen / Abformgenauigkeit	>100 µm	-	<1 µm	<1 µm
Reproduzierbarkeit	sehr gut	sehr gut	sehr gut	sehr gut
Kosten für Form	relativ hoch wegen gehärteten Formen, abhängig von Geometrie	gering wegen Verwendung eines variablen Rakels	sehr hoch, MEMS-Prozesse	relativ hoch wegen gehärteten Formen, abhängig von Geometrie
Zyklen bis zum Verschleiß der Form	10.000 ... 100.000	> 1 Mio.	ca. 1 - 5	10.000 ... 100.000
Aufbereitung des Ausgangsmaterials	Keramikpulver trocknen	Erzeugen von Schlicker	Gelherstellung	Feedstock aufwändig herstellen
Besonderheiten	kein Entbindern oder Trocknen nötig	Trocknen vor Sinterprozess	Gesundheitsgefährdende Chemikalien für Schlicker, Trocknen vor Sinterprozess	Entbindern vor Sinterprozess

Tabelle 2.5: Vergleich der Formgebungsverfahren von Keramiken

Im weiteren Verlauf dieser Arbeit wird der keramische Spritzguss (CIM) für die Formgebung der Piezokeramiken verwendet. Dieses hat den Vorteil, dass das zu entwickelnde piezoelektrische Drosselelement für einen adaptiven Gasfederdämpfer so entworfen wurde, dass es in einer Serienproduktion gefertigt werden kann. In umfangreichen Vorversuchen wurden anhand von spritzgegossenen, piezoelektrischen Probekörpern die komplette Prozesskette von der Feedstockherstellung, dem Spritzgießen, dem Entbindern / Sintern, dem Schrumpfungsverhalten der PZT-Probekörper, der Metallisierung und der Polarisation, bis hin zur Charakterisierung der fertigen PZT-Elemente durchgeführt. [25]

3 Drosselelement für einen adaptiven Gasfederdämpfer

3.1 Funktionsprinzip Gasfederdämpfer

Jedes Kfz ist mit einem Stoßdämpfer ausgerüstet, um einen optimalen Kontakt zwischen der Fahrbahn und dem Reifen bei unterschiedlichen Straßenbedingungen zu gewährleisten. [2], [33], [41] Neben dieser sicherheitsrelevanten Funktion werden gleichzeitig die Fahrzeugschwingungen gedämpft und somit der Fahrkomfort für die Insassen erhöht. Stand der Technik sind hydraulische Stoßdämpfer, welche in Kombination mit Stahlfedern, Öldruckfedern oder Luftdruckfedern eingesetzt werden.

Bereits in den *70-er* Jahren hatten sich vor allem im Schienen-, LKW- und Omnibusbau reine Luftfedersysteme etabliert und sind vor allem in den letzten beiden Nutzfahrzeugbereichen heutzutage noch Stand der Technik [2]. Ihr allgemeines Feder-Funktionsprinzip basiert auf der Kompressibilität von Luft. Abhängig von der Fahrzeugmasse wirkt eine Kraft (F) auf eine Luftkammer mit einem zuvor eingestellten Kammerdruck (P_I). Die Luftkammer ist durch einen Faltenbalg gegen den Umgebungsluftdruck (P_a) abgetrennt (Bild 3.1). Mit Hilfe eines externen Kompressors kann der Kammerdruck geregelt werden und die daraus resultierende Federkonstante des Systems eingestellt werden. Auf diese Weise ist es gleichzeitig mit möglich, das Fahrzeughöhenniveau zu regulieren. Im Bereich der öffentlichen Verkehrsmittel erfolgt nach diesem Prinzip die Fahrzeugabsenkung für einen komfortabeleren Ein- und Ausstieg. Luftfedern haben nur eine federnde und keine dämpfende Wirkung.

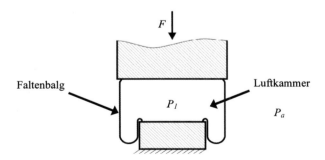

Bild 3.1: Funktionsprinzip einer Luftfeder

Kapitel 3. Drosselelement für einen adaptiven Gasfederdämpfer

Als Innovation und mittlerweile auch Stand der Technik wurden mit Luft gefüllte GFD's, auch als Luftfederdämpfer (LFD) bekannt, für den Kfz-Bereich entwickelt [29]. Der erste LFD in einem serienmäßigen Motorrad wurde von *BMW* in der „*HP2*" eingebaut [30]. Für die LKW-Fahrwerktechnik hat die Firma *ZF Passau GmbH* in ihrem System „*RL 80 ET*" ebenfalls eine Luftfederdämpferlösung präsentiert [31]. Der große Vorteil von GFD's (LFD's) liegt darin, dass die Feder- und Dämpfungsrate durch Variation des Druckverhältnisses in den einzelnen Gaskammern eingestellt werden kann. Somit ist es möglich, die Resonanzfrequenz des Fahrzeuges, die abhängig vom jeweiligen Beladungszustand ist, gezielt zu dämpfen. Mit diesem aktiven Eingriff in das Dämpfersystem sollen gefährliche Fahrzeugschwankungen, welche ein Sicherheitsrisiko darstellen, vermieden werden.

Es gibt zwei verschiedene, nahezu zeitgleich entwickelte Grundfunktionstypen von Gasfederdämpfern. Der eine basiert auf dem Funktionsprinzip nach Bridgestone [3], bei dem zwei Gasfedern in entgegengesetzter Richtung arbeiten. Hierbei wirkt die größere (Chamber 2) in die gleiche Richtung wie der gesamte GFD. Bei dem zweiten, nach dem Gold-Prinzip arbeitenden Typ, werden drei Gasfedern im System verwendet. Jedoch sind hier die Kammern „Chamber 1.1" und „Chamber 1.2" über eine Bohrung in der Kolbenstange miteinander verbunden und haben dadurch das gleiche Druckniveau [30].

Ziel ist es nun, die Druckdifferenzen der einzelnen Druckkammern mit Hilfe eines Drosselelementes bzw. im Idealfall mit einem Ventil zu regeln („Attenuator Valve" - Bild 3.2), um somit die Dämpfungseigenschaften des GFDs gezielt an die jeweilige Fahrsituation anzupassen. Weil z.B. ein schneller Fahrbahnbelagswechsel oder Fahrzeugschwankungen zu einem rasch wechselnden Druckgradienten der beiden Kammern führt, sollte für eine effektive Druckdifferenzregelung ein extrem schnell regelndes Drosselelement mit einem großen Drosselquerschnitt eingesetzt werden.

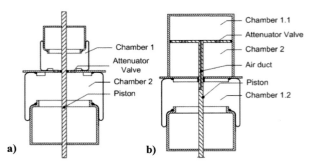

Bild 3.2: Funktionsprinzipien von Gasfederdämpfern: Bridgestone (a) und Gold (b) [6]

3.2 Konzept der Durchflussregelung im GFD

Weil ein Stoßdämpfer ein sicherheitsrelevantes Bauteil im Kfz ist und die Reaktionszeiten bei einem Straßenbelagwechsel im Millisekundenbereich liegen soll, können kommerzielle auf dem Markt verfügbare Drosselelemente schlecht verwendet werden. Ein magnetisches Drosselelement hat bautechnisch bedingt eine Verzögerungszeit bzw. Totzeit bis zum Erreichen des Sollwertes, welche typischerweise in einem Bereich von ca. *0,1* bis *0,5* Sekunden liegt [29], [35], [36], [37]. Bei derartigen Elementen wird durch Anlegen eines elektrischen Feldes an einer Spulenwicklung um einen Eisenkern ein Magnetfeld induziert. Mit Hilfe dieses Magnetfeldes wird dann ein ferromagnetisches Stellglied betätigt, welches den Volumenstrom einstellt. Grundsätzlich sollten in Regelkreisen Totzeiten vermieden werden. Prinzipiell eignen sich piezoelektrische Aktoren sehr gut für die Vermeidung von Totzeiten in Stellelementen. Unmittelbar nach dem Anlegen der elektrischen Steuerspannung verändern die Piezokeramiken ihre Form. Hierbei liegt die physikalische Konversionszeit, also die Zeit, welche zwischen der Anregung und daraus folgender Aktordeformation benötigt wird, in einem Bereich von 10^{-7} Sekunden. Nachteilig bei piezokeramischen Werkstoffen aber ist die infinitesimale Geometrieänderung der Keramik. Wie in Kapitel 2.2 bereits erwähnt wurde, existieren bereits mehrere Lösungen für Wegvergrößerungssysteme. Laut den Vorgaben unserer Projektpartner vom Lehrstuhl Mechatronik (IMS), welche sich mit den Regelungskonzepten und der „gewünschten" Durchflussrate des Drosselelementes beschäftigt haben, reichen die bisherigen PZT-Aktorstellwege nicht aus, um den benötigten und in der Einleitung beschriebenen Drosselquerschnitt von *25 mm²* zu steuern. Dabei wurde berücksichtigt, dass durch die Abmaße der verfügbaren Gasfederdämpfer konstruktionstechnische Grenzen für das Aktorsystem gesetzt sind. Für eine optimale Integration in einen GFD wurde ein maximaler Durchmesser des Drosselelementes von *130 mm* vorgegeben. Eine weitere Projektvorgabe war die Spannungsobergrenze von *1.000 V* für die Ansteuerung des Aktors.

Die benötigte Stellkraft des Aktors, wenn er direkt gegen den Drosselspalt und die Druckdifferenz arbeitet, berechnet sich nach:

$$F_{Aktor} = {}_\Delta P \cdot A_{Drossel}$$

mit: $\quad {}_\Delta P = 5 bar = 5 \cdot 10^5 \frac{N}{m^2} \quad\quad A_{Drossel} = 25 \cdot 10^{-6} m^2$

somit folgt: $\quad\quad F_{Aktor} = 12,5 N$ \hfill (3.1)

Kapitel 3. Drosselelement für einen adaptiven Gasfederdämpfer

Im Übrigen gilt auf Grundlage des Energieerhaltungssatzes, dass durch Optimierung eines Aktorsystems in Hinblick auf einen maximal möglichen Stellweg gleichzeitig die zur Verfügung stehende Aktorstellkraft reduziert wird und umgekehrt. Somit ergeben sich drei prinzipielle Problemstellungen für den Lösungsansatz:

1.) Es wird für ein piezoelektrisches Stellglied ein relativ großer Hub bei einer Ansteuerspannung von *1.000 V* benötigt, um die geforderte Drosselquerschnittsfläche gewährleisten zu können.

2.) Auf Grund der maximal zu erwartenden Druckdifferenz zwischen den Kammern im GFD in Höhe von *5 bar* muss der Aktor bei einem Drosselquerschnitt von *25 mm^2* eine Stellkraft von mindestens *12,5 N* aufweisen, wenn er direkt gegen den Drosselspalt arbeitet.

3.) Der zur Verfügung stehende Bauraum im GFD ist begrenzt auf einen Durchmesser von maximal *130 mm* und eine Höhe von maximal *60 mm*.

Neben den genannten Eckdaten ist weiterhin zu berücksichtigen, dass das zukünftige Produkt so ausgelegt werden muss, dass es prozesstechnisch in einer Serienproduktion gefertigt werden kann.

Seitens unserer Projektpartner erfolgt die komplette regelungstechnische Umsetzung. Ihre Aufgabe ist die Integration zusätzlicher Drucksensoren in die Kammern des GFD's, um mit den so gewonnenen Messdaten Rückschlüsse auf die Beschaffenheit der jeweiligen Fahrbahn ziehen zu können. Sie sind weiterhin für die Entwicklung entsprechener Regelungsalgorithmen verantwortlich, um mit der Ansteuerung des in dieser Arbeit zu entwickelnden piezoelektrischen Drosselelementes den Fahrbahnunebenheiten oder auch kritischen Fahrzeugwankbewegungen entgegenzuwirken.

3.2.1 Lösungsansatz 1: Stack-Aktor vor Drosselspalt

Ein erster Lösungsansatz ist, eine Blende mit Hilfe eines Piezo-Stack-Aktors vor einen Drosselspalt zu schieben (Bild 3.3). Hierbei ist bei der Dimensionierung aber darauf zu achten, dass die geforderte Drosselquerschnittsfläche von *25 mm^2* erreicht werden muss. Wie bereits in Kapitel 2.2.2 erläutert wurde, zeichnen sich Multilayeraktoren durch ihre geringe Ansteuerspannung aus. Mit einem Stapelaufbau mit einer Höhe von *10 mm* lässt sich ein Stellweg von lediglich *10 µm* erreichen. Hochskaliert würde man mit einem einzigen Aktor von *100 mm* Höhe theoretisch eine Blende vor einem Drosselspalt um *100 µm* verstellen können. Es ist auf Anhieb zu erkennen, dass auf Grund des zur Verfügung stehenden Bauraumes im GFD dieser Lösungsansatz zu verwerfen ist. Alternativ kam die Überlegung auf, nach diesem ersten Lösungsansatz mehrere kleinere Drosselelemente mit Stack-Aktoren einzusetzen. Diese sollten, zusammengefasst betrachtet, einen großen Volumenstrom ($\dot{V}$) regeln können. Bei genauerer Betrachtung fällt aber auf, dass zehn Aktoren mit einer Höhe von jeweils *10 mm* gemeinsam den gleichen Regelungseffekt im Vergleich zu einem *100 mm* hohen Einzelaktor aufweisen.

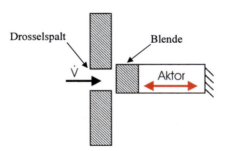

Bild 3.3: Stack-Aktor mit Blende vor einem Drosselspalt

Weiterhin ist bei dieser Anordnung ersichtlich, dass der Aktor direkt gegen den zu regelnden Volumenstrom und die Druckdifferenz von *5 bar* arbeiten muss. Die erforderliche Stellkraft von mindestens *12,5 N* lässt sich aber problemlos mit Mehrschichtaktoren erreichen.

3.2.2 Lösungsansatz 2: Bimorph-Aktor vor Drosselspalt

Mit Hilfe von Bimorph-Aktoren lassen sich relativ große Stellwege bei niedrigen Ansteuerspannungen erreichen (Kapitel 2.2.3). Dieses Aktorprinzip könnte man verwenden, um einen ausreichend großen Drosselspalt mit einer Blende zu öffnen oder zu schließen und somit den Volumenstrom im GFD zu regeln. In Bild 3.4 ist eine schematische Anordnung hierfür dargestellt. Vorteilhaft ist, dass der zur Verfügung stehende Bauraum im GFD ausreicht, um den Biegewandler zu integrieren. Die typischen Ansteuerspannungen für den Aktor liegen in einem Bereich von bis zu maximal *100 V* und erfüllen auch die vorgegebenen Richtwerte (max. Steuerspannung *1 kV*).

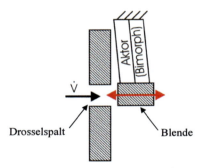

Bild 3.4: Bimorph-Aktor mit Blende vor einem Drosselspalt

Bei einer genaueren Betrachtung der Anordnung ist aber zu erkennen, dass der Aktorstellweg, genau wie im Lösungsansatz 1, unmittelbar gegen den zu regelnden Volumenstrom arbeitet. Ein typischer Kennwert für die Blockierkraft von piezoelektrischen Biegewandlern liegt im Bereich von ca. *1..2 N*. Somit ist es bei dieser Anordnung nicht möglich, bei einer Druckdifferenz von *5 bar* einen Volumenstrom zu regeln. Die erforderliche Mindestkraft von *12,5 N* für den Drosselaktor wird nicht erreicht.

3.2.3 Lösungsansatz 3: seitlicher Stack-Aktor vor Drosselspalt

Eine weitere Anordnungsvariante wäre eine Kombination aus den Lösungsansätzen 1 und 2. Es wird ein Stack-Aktor seitlich neben dem Drosselspalt angebracht (Bild 3.5). Nach diesem Prinzip arbeitet der Aktor nicht mehr direkt gegen den zu regelnden Volumenstrom. Die Problematik der direkten Krafteinwirkung auf die Aktorwirkrichtung wäre somit eliminiert. Jedoch besteht weiterhin die Herausforderung, einen ausreichend großen Stellweg für die Drosselblende zu erreichen. Äquivalent zu den in Lösungsansatz 1 beschriebenen Entscheidungsgründen ist es wegen des zur Verfügung stehenden Bauraumes nicht möglich, derartig große Stack-Aktoren in den GFD zu integrieren. Weiterhin würde sich die Aktorführung schwer gestalten lassen, weil durch den zu regelnden Volumenstrom gleichzeitig eine Querkraft an der Drosselblende angreifen würde. Dieses kann zu einer ungewünschten Verschiebung der Blende und damit zu einer enormen Undichtheit des Systems führen.

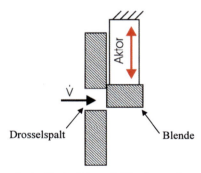

Bild 3.5: Seitlich angeordneter Stack-Aktor mit Blende vor einem Drosselspalt

3.2.4 Lösungsansatz 4: koaxiale Aktoranordnung vor Drosselspalt

Aus den gegebenen Randbedingungen und den ersten Lösungsansätzen geht hervor, dass vorhandene piezoelektrische Ansteuervarianten nicht verwendet bzw. entsprechend adaptiert werden können. Die Idee für das neu zu entwickelnde Stellglied ist, bei einem Ringaktor die resultierende Ringkontraktion zu nutzen, welche durch den d_{31}-Effekt der Keramik hervorgerufen wird. Es wird angestrebt, den Ringaktor so zu lagern und mit einer entsprechenden zusätzlichen Struktur zu versehen, dass dieser infolge seiner Kontraktion in eine Rotationsbewegung versetzt wird. Wenn dieses gelingt, so kann auf dem Ringaktor eine Blende angebracht werden, welche sich entlang des Drosselspaltes bewegt und diesen ausreichend regeln kann (Bild 3.6). Nach diesem Prinzip müsste der Aktor durch die effektiv wirkende Drehbewegung auch nicht direkt gegen den Volumenstrom arbeiten.

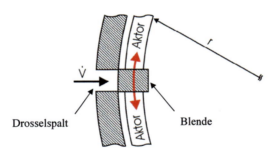

Bild 3.6: Koaxiale Anordnung eines Ringaktors mit Blende vor einem Drosselspalt

Sollte die mit dieser Variante erreichbare Aktordrehbewegung nicht ausreichen, um einen großen Drosselspalt komplett zu öffnen und zu schließen, so können auch mehrere Blenden auf dem Ringaktor angebracht werden, um eine entsprechende Anzahl kleinerer Durchflussöffnungen zu kontrollieren. Sehr vorteilhaft bei einer Erhöhung der Blendenanzahl ist, dass der verwendete Bauraum sich nicht signifikant ändert. Die geometrischen Außenabmaße sind durch die Aufgabenstellung bereits mit einem maximalen Außendurchmesser von *130 mm* für das gesamte Drosselsystem festgesetzt. Wenn man in erster Näherung den benötigten Platzbedarf des Außengehäuses mit der Lufteinlassöffnung und dem bzw. den Drosselspalt(en) berücksichtigt, so bleibt für den Ringaktor grob geschätzt ein maximaler Außendurchmesser von ca. *70-80 mm* übrig.

Hierbei hat eine Erhöhung der Anzahl an Drosselöffnungen wegen der koaxialen Anordnung keine nennenswerte Auswirkung auf die Gesamtbaugröße (Bild 3.7).

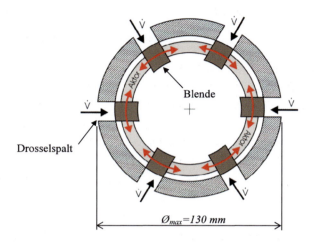

Bild 3.7: Koaxiale Anordnung eines Ringaktors mit Blenden vor Drosselspalten

Für eine erste Abschätzung der zu erwartenden Kontraktion eines Piezoringes wird diese nach [40] folgendermaßen berechnet:

$$_\Delta r = \frac{2 \cdot d_{31} \cdot (d_a - d_i)}{thk} \cdot U \tag{3.2}$$

Hierbei sind d_{31} die materialabhängige piezoelektrische Ladungskonstante, welche die Keramikdehnung senkrecht zum angelegten elektrischen Feld beschreibt, d_a der Außendurchmesser des Piezoringes, d_i der Innendurchmesser, *thk* die Dicke (*thickness*) der Keramik und U die Ansteuerspannung. In der Vorbetrachtung werden die nachfolgenden Parameter verwendet. Für die zu erwartende Ringdurchmesseränderung ($_\Delta d$) folgt:

$$d_{31} = -1,54 \cdot 10^{-4} \, mm/V \quad \text{(Materialdaten von PI255, Anhang A.1)}$$
$$d_a = 75mm, \quad d_i = 60mm, \quad U = 1.000V \text{ und } thk = 1,5mm$$

$$_\Delta d = 2 \cdot _\Delta r = \frac{4 \cdot d_{31} \cdot (d_a - d_i)}{thk} \cdot V$$

$$_\Delta d = -6,16 \mu m$$

Ein Ringaktor, welcher von seinen Dimensionen her in den vorhandenen GFD integriert werden kann, würde eine ungefähre Kontraktion von 6 µm aufweisen. Ziel ist es nun, eine geeignete Struktur zu entwerfen, welche die Aktorkontraktion in eine Rotation wandelt, ein ausreichendes Übersetzungsverhältnis aufweist, um eine große Rotationsverschiebung der Drosselblende(n) zu erreichen und gleichzeitig die Befestigung des Aktorsystems umsetzt.

Die Idee ist nun, den Aktor mit einer Art Speichenkonstruktion zu versehen, welche im Ringinneren angeordnet ist. Als Lager wird eine Einspannung im Zentrumspunkt des Ringes angebracht. Die Speichenanordnung soll zum einen die Lagerung realisieren und zum anderen als eine Art Hebelarm die erforderliche Rotationsbewegung (u_{result}) hervorrufen (Bild 3.8). Der Hebelarm, welcher als Wegvergrößerungssystem dienen soll, wird für die ersten Untersuchungen durch einen Versatz der Speichen zum Ringzentrum von 1 mm realisiert. Diese Verschiebung hat zur Folge, dass bei einer Kontraktion des Piezoaktors ein Biegemoment an den Speichen erzeugt wird. Infolge der Speichenbiegung wird der Ringaktor eine Drehbewegung ausführen.

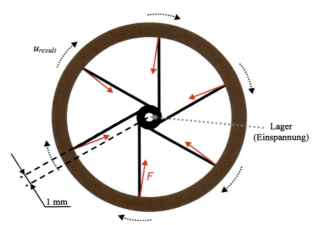

Bild 3.8: Wegvergrößerungssystem – Piezoringaktor mit Speichenanordnung

Ein derartiges hybrides Aktorsystem wurde bisher noch nicht aufgebaut. Anhand der theoretischen Funktionsweise ist bereits zu erkennen, dass durch Variationen der Geometrien (Aktordurchmesser, Speichenlayout und Speichenversatz) eine Wegvergrößerung umgesetzt werden könnte, um damit den geforderten Drosselquerschnitt für den GFD zuverlässig steuern zu können. Dieser Lösungsansatz ist die Grundlage für alle weiterführenden Betrachtungen.

4 Prototypenentwicklung des Wegvergrößerungssystems

4.1 Entwurf der hybriden Struktur

Um das bisher theoretisch betrachtete Lösungskonzept der koaxialen Anordnung einer Aktor-Speichen-Konstruktion vor einem Drosselspalt zu verifizieren, wird ein erster Prototyp aufgebaut. Die zu erwartende Drehbewegung des Wegvergrößerungsysystems wird mit Hilfe des FEM-Programmes *Ansys*© simuliert und mit den realen Messergebnissen verglichen. Als piezoelektrischer Ringaktor wird ein kommerziell erhältlicher Aktor der Firma *PI Ceramic* aus dem Material PI255 (Materialdaten im Anhang A.1) mit den Abmaßen $d_i=32$ *mm*, $d_a=42$ *mm* und einer Dicke von *thk=1 mm* verwendet. Die benötigten Speichenelemente werden aus relativ dünnem Federstahl (< 1 mm) gefertigt, wodurch sie sich infolge der Krafteinwirkung (F_z) durch den Aktor deformieren können. Für die allgemeine Bestimmung der Biegelinie wird das System freigeschnitten und die effektiv relevanten Kräfte ermittelt. Hierbei ist F die von dem Aktor induzierte Kraft, welche vektoriell zum Aktormittelpunkt wirkt. Durch den Versatz der Speichen zum Zentrumspunkt der Gesamtstruktur lässt sich der Kraftvektor in zwei Komponenten aufteilen, welche auf die Speichenstruktur wirken. Der Kraftvektor F_z ist verantwortlich für die gewollte Verbiegung der Speichen, und die Kraft F_x führt zu einer Speichenstauchung. Das Koordinatensystem wird im Aktormittelpunkt definiert (Bild 4.1).

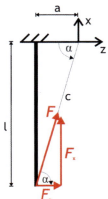

Bild 4.1: Wegvergrößerungssystem – effektiv wirkende Kräfte

Kapitel 4. Prototypenentwicklung des Wegvergrößerungssystems

Mit der effektiven Speichenlänge *l* und dem parallelen Speichenversatz *a* zum Aktormittelpunkt gilt für die Strecke *c*:

$$a^2 + l^2 = c^2$$

$$c = \sqrt{a^2 + l^2}$$

sowie:

$$\sin\alpha = \frac{l}{c} \qquad \cos\alpha = \frac{a}{c}$$

Die wirkende Aktorkraft *F* kann unter Bezug auf den Winkel α in die Kraftvektoren F_x und F_z zerlegt werden:

$$\sin\alpha = \frac{F_x}{F} \qquad \cos\alpha = \frac{F_z}{F}$$

Somit folgt für F_x und F_z:

$$\frac{F_x}{F} = \frac{l}{c} = \frac{l}{\sqrt{a^2 + l^2}}$$

$$F_x = \frac{l}{\sqrt{a^2 + l^2}} \cdot F \qquad (4.1)$$

$$\frac{F_z}{F} = \frac{a}{c} = \frac{a}{\sqrt{a^2 + l^2}}$$

$$F_z = \frac{a}{\sqrt{a^2 + l^2}} \cdot F \qquad (4.2)$$

Für die Biegung der Speichen und die daraus resultierende Drehbewegung des Keramikringes im Wegvergrößerungssystem ist nur die Kraft F_z verantwortlich. Um die Konformität mit den in der technischen Mechanik allgemein verwendeten Durchbiegungsgleichungen und Lagerbedingungen einzuhalten, wird für die Berechnung der Speichenbiegelinie (*w(x)*) ein neues lokales Koordinatensystem festgelegt (Bild 4.2).

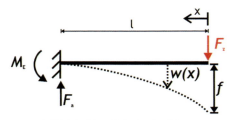

Bild 4.2: Biegelinie der Speichen

Kapitel 4. Prototypenentwicklung des Wegvergrößerungssystems

Weil die Speichenmaße senkrecht zur Speichenachse (Höhe, Breite) sehr viel kleiner als die Speichenlängen sind, kann deren Durchbiegung nach der linearen Theorie dünner Balken berechnet werden. Allgemein ist für den gegebenen Belastungs- und Lagerungsfall die Biegelinie definiert als [41]:

$$w(x) = \frac{F_z l^3}{6EI_y}\left[2 - 3\frac{x}{l} + \left(\frac{x}{l}\right)^3\right]$$

An der Stelle $x=0$ ist der Aktor befestigt, welcher infolge der Speichenbiegung eine Drehbewegung erfährt. An dieser Stelle ist auch die maximale Durchbiegung vorhanden, und es gilt:

$$f(F_z) = w(x = 0, F_z) = \frac{F_z l^3}{3EI_y} \qquad (4.3)$$

Je größer der wirkende Aktorkraftvektor F_z ist und je länger die Speichen sind, desto größer sind die Speichendurchbiegungen und damit auch die resultierende Drehung des Piezoaktorringes. Für den Prototypen kann auf Grund des verwendeten Keramikringinnendurchmessers die maximale Speichenlänge $l≤16\ mm$ betragen ($l \leq 1/2 \cdot d_i$). Die Aktorkraft, welche abhängig von der verwendeten Piezokeramik ist, wird für die ersten Betrachtungen als konstant angenommen. Somit haben auf die Dimensionierung des Wegvergrößerungssystems effektiv das Elastizitätsmodul E (des Speichenmaterials) und das Flächenträgheitsmoment I_y (des Speichenquerschnittes) einen relevanten Einfluss.

Für den Aufbau des Prototypen wird Präzisionsflachstahl als Speichenmaterial mit den Querschnittsmaßen von $b=9\ mm$ und $h=0,4\ mm$ verwendet (Bild 4.3).

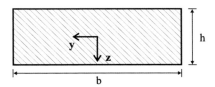

Bild 4.3: Speichenquerschnitt - Federstahl

Das Flächenträgheitsmoment der Speichen für die Biegung berechnet sich nach [41]:

$$I_y = \frac{b \cdot h^3}{12} = \frac{6}{125} mm^4$$

Kapitel 4. Prototypenentwicklung des Wegvergrößerungssystems

Durch die geometrischen Abmaße gilt somit unabhängig vom E-Modul des verwendeten Materials für die maximale Speichenbiegung:

$$w(x=0, F_z) = \frac{125}{18} mm^4 \cdot \frac{F_z l^3}{E} \approx 6{,}94 mm^4 \cdot \frac{F_z l^3}{E} \tag{4.4}$$

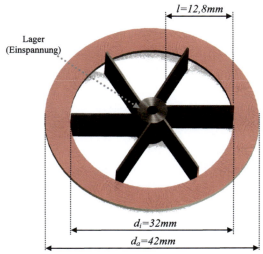

Bild 4.4: CAD-Modell – Aufbau Prototyp PZT-Aktor und Federstahlspeichen

Resultierend aus dem zur Verfügung stehenden Aktor und der benötigten Einspannung im Mittelpunkt des Ringes durch eine Befestigungsbohrung, ergibt sich eine Speichenlänge von *l=12,8 mm*. Mit dem E-Modul des verwendeten Präzisionsflachstahls von $E=260.000\ N/mm^2$ folgt für die erste Abschätzung der Biegelinie:

$$w(x=0, F_z) = \frac{4096}{73125} \frac{mm}{N} \cdot F_z \approx 0{,}056 \frac{mm}{N} \cdot F_z \tag{4.5}$$

Zusätzlich existiert aber auch eine Speichenstauchung infolge der Längskraft F_x, welche entlang der Speichen wirkt. Diese führt zu einer Verkürzung der Ausgangsspeichenlänge l_0 (Bild 4.5), welche sich wiederum auf die Berechnung der Biegelinie auswirkt.

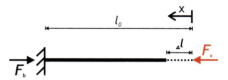

Bild 4.5: Stauchung der Speichen

Gemäß dem Hook'schen Gesetz gilt für die Speichenstauchung [41]:

$$\sigma_x = E \cdot \varepsilon$$

mit: $\quad \varepsilon = \dfrac{\Delta l}{l_0} \qquad \sigma_x = \dfrac{F_x}{A} = \dfrac{F_x}{b \cdot h}$

folgt:
$$\Delta l(F_x) = \frac{l_0 \cdot F_x}{E \cdot b \cdot h} \tag{4.6}$$

Berücksichtigt man nun die Speichendurchbiegung und die Speichenstauchung mit der Anfangsspeichenlänge l_0 sowie dem Anfangsspeichenversatz a_0, so ergeben sich die Bedingungen:

$$l(F_x) = l_0 - \Delta l(F_x) \qquad a(F_z) = a_0 - w(x = 0, F_z)$$

Dieses bedeutet für die Maximalbiegung:

$$f(F_x, F_z) = w(x = 0, F_x, F_z) = \frac{F_z \cdot (l_0 - \dfrac{l_0 \cdot F_x}{E \cdot b \cdot h})^3}{3 E I_y}$$

Hierbei ist jedoch zu beachten, dass sowohl bei einer Speichenbiegung als auch bei einer Speichenstauchung die angreifenden Kraftvektoren F_x und F_z sich durch die Beziehungen $a(F_x)$ und $l(F_x)$ mit ändern.

$$F_x = \frac{l(F_x)}{\sqrt{a(F_z)^2 + l(F_x)^2}} \cdot F \tag{4.7}$$

$$F_z = \frac{a(F_z)}{\sqrt{a(F_z)^2 + l(F_x)^2}} \cdot F \tag{4.8}$$

Spätestens an diesem Punkt der Herleitung ist das gesamte System nicht mehr trivial zu beschreiben. Allein durch das Einsetzen der Aktorstellkraft F in die Gleichungen (4.7 und 4.8) können keine aussagekräftigen Kraftvektoren F_x und F_z bestimmt werden. Dieses liegt zum einen daran, dass die Kraftvektoren von mehreren Faktoren abhängig sind ($F_x(F,l,a)$ und $F_z(F,l,a)$) und andererseits an dem bereits in Kapitel 2.1 beschriebenen

Effekt der infinitesimalen Aktordeformation beim Anlegen der Versorgungsspannung. Letzteres bedeutet, dass bei einer großen Aktorstellkraft die maximale Aktorkontraktion limitierend wirkt. Alle diese Randbedingungen sind von entscheidender Bedeutung und müssen berücksichtigt werden. Um ein aussagekräftiges Ergebnis über den Lösungsansatz einer koaxialen Aktoranordnung mit einer Speichenstruktur im Drosselgehäuse zu erhalten, ist es notwendig, eine FEM-Simulation durchzuführen.

4.2 Simulation

Die zu erwartende Auslenkung des Aktorelementprototypen, welcher aus einer Stahlspeichen-Piezokeramikring-Kombination aufgebaut werden sollte, wurde in *Ansys© 12* simuliert. Hierfür wurde in *ProEngineer WF 5.0* das entsprechende CAD-Modell erstellt und in ein für *Ansys©* importierbares *.anf-Format exportiert. Um die einzelnen Simulationsparameter (z.B. Netzgröße) und verschiedenen Materialdaten übersichtlicher und nachvollziehbarer einzulesen, wurden verschiedene APLD-Programme (Anhang A.3) mit Unterprogrammen geschrieben. APLD (*Ansys© Parametric Design Language*) ist eine programmspezifische Skriptsprache, welche sich für eine automatisierte Eingabe, Vernetzung und Auswertung sehr gut verwenden lässt.

Für die FEM-Simulation ist das Aspektverhältnis der Stahlspeichen aus Präzisionsflachstahl mit einer Breite von *400 μm* und einer Höhe von *9 mm* im Vergleich zum Durchmesser des Piezoringaktors von *42 mm*, sehr ungünstig. Weil die FEM-Simulation eine Abstraktion der realen Bedingungen ist, sollte das Netz so fein wie möglich definiert werden, um aussagekräftige Ergebnisse zu erzielen. Beim Vernetzen ist unbedingt darauf zu achten, dass das Aspektverhältnis der Elemente nicht zu groß wird. Generell gilt für eine FEM-Berechnung: je feiner das Netz und je geringer das Aspektverhältnis der Elemente ist, umso realer ist das Rechenergebnis [42]. Die Speichendicke gibt bereits eine benötigte Maximalgröße der Speichenelemente von *400 μm* vor. Leider können mit der *Ansys© Education* Version nur maximal 256.000 Elemente für das Vernetzen verwendet werden. Für eine erste Simulation wurde ein symmetrisches Netz mit 128.675 Elementen generiert. Als Material wurde für den Aktor *PI 151* von *PI Ceramics* und für die Speichen Werkzeugstahl gewählt. Der Innenring wurde als Festlager definiert und eine Ansteuerspannung von *1.000 V* angelegt. Sehr wichtig für die Simulation von piezoelektrischen Effekten in *Ansys©* ist die Ausrichtung des Simulationskörpers in Bezug auf das Koordinatensystem. In *Ansys©* ist immer die Z-Achse als Polarisationsachse der Piezokeramiken definiert [43].

Es stellte sich heraus, dass eine maximale Aktordrehbewegung von *391 μm* bei *1.000 V* zu erwarten ist (Bild 4.6). Parallel wurde die Linearität des Systems in *Ansys©* simuliert, indem die Ansteuerspannung von *0 V* auf *1 kV* in *100 V*-Schritten erhöht wurde. Dieses sollte lediglich der Überprüfung der APLD-Programme dienen, denn die Systemdefinition von piezoelektrischen Elementen in *Ansys©* basiert auf der linearen Gleichung 2.3 aus Kapitel 2.1. Wie zu erwarten war, wurde eine linear von der

Kapitel 4. Prototypenentwicklung des Wegvergrößerungssystems

Ansteuerspannung abhängige Aktorkontraktion und daraus resultierenden Drehbewegung des Gesamtsystems als Ergebnisse berechnet.

Bild 4.6: FEM-Simulation – Auslenkung *PI 151* Aktor und Stahlspeichen

4.3 Aufbau und Messungen

Am IMS erfolgte der Aufbau des Funktionsdemonstrators. Dieser gestaltete sich als aufwändige Präzisionsarbeit und musste von Hand erfolgen. Sehr problematisch war die Verbindung der Speichenelemente mit dem porösen Piezoaktor. Hier musste einerseits eine kraftschlüssige Verbindung garantiert werden und andererseits eine auf alle sechs Speichen gleichmäßig verteilte, geringfügige Vorspannkraft ausgeübt werden. Die Speichenverbindungselemente am Aktor wurden aus Stahl gefertigt. Für die Erzeugung der Vorspannkraft wurden jeweils zwei kleine M1-Schrauben integriert. Beim Zusammenbau war darauf zu achten, dass die Anzugsmomente der Schrauben nicht zu groß wurden, um eine Beschädigung des Aktors zu vermeiden (Bild 4.7).

Zwischen den Aktor und die Speichenverbindungselemente wurde eine dünne Folie gelegt. Diese dient der elektrischen Isolation und verhindert einen Kurzschluss zwischen der oberen und unteren Aktorelektrode beim Anlegen der Steuerspannung. Die gesamte Baugruppe wurde mit einer Schraube an der Bohrung im Zentrumspunkt der Struktur an einer Unterlage so verschraubt, dass die Speichen und der Aktor die Unterlage nicht berühren.

Bild 4.7: Prototyp für ein Wegvergrößerungssystem mit Stahlspeichen [39]

Um die zu erwartende Drehbewegung des Funktionsdemonstrators messen zu können, wurde dieser unter einem Mikroskop mit einer 200-fachen Vergrößerung betrachtet. An dem Mikroskop war eine CCD-Kamera montiert, welche an einen PC angeschlossen war. Mit Hilfe der Auswertesoftware konnte somit die Verschiebung eines fokussierten Punktes gemessen werden. Hierfür wurde ein markanter Punkt auf der Keramikoberfläche ausgewählt und anschließend die Steuerspannung von *1.000 V* angelegt. Im Anschluss wurde am PC die Verschiebung des selektierten Punktes markiert und vermessen. Es stellte sich heraus, dass sich der Keramikaktor um *342 µm* bewegt hat. (Bild 4.8). Dieses Ergebnis bestätigt das bisher theoretisch betrachtete Funktionsprinzip der hybriden Aktorstruktur mit einem integrierten Wegvergrößerungsysystem.

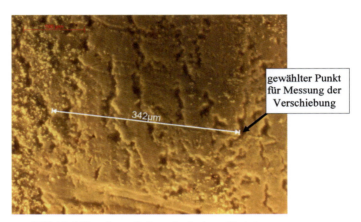

Bild 4.8: Mikroskopaufnahme Auslenkung Prototyp

Die geringfügigen Abweichungen zur FEM-Simulation können mehrere Gründe haben, z.B.:

- Eine FEM-Simulation besteht immer aus einer mathematischen Abstraktion der realen Situation, und es werden immer Vereinfachungen getroffen.
- Die verwendeten Materialparameter für die Piezokeramik und den Federstahl sind Richtwerte. Sie unterliegen immer gewissen Toleranzen.
- Das Gesamtsystem wurde in Präzisionsarbeit von Hand aufgebaut und es kann nicht garantiert werden, dass alle Anzugsmomente der Befestigungsschrauben an den Speichenverbindungselementen zu 100% identisch sind.

Die real erreichte Aktorverschiebung von *342 µm* ist ein vielversprechendes Ergebnis und zeigt, dass der gewählte Lösungsansatz für das Wegvergrößerungssystem eine Realisierung des piezoelektrischen Drosselementes für den GFD ermöglicht.

Kapitel 4. Prototypenentwicklung des Wegvergrößerungssystems

In Kapitel 2 wurde bereits der lineare Zusammenhang zwischen der angelegten elektrischen Spannung und der daraus resultierenden Verformung bei Piezokeramiken beschrieben. Für diese Überprüfung wurde am aufgebauten Prototyp die Ansteuerspannung von *0 V* auf *1.000 V* in einer Stufung von *100 V* Schritten angelegt. Die entsprechende Aktorverschiebung wurde unter dem Mikroskop beobachtet und mit Hilfe der Auswertungssoftware gemessen (Grafik 4.1).

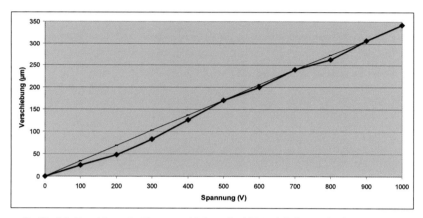

Grafik 4.1: Resultierende Aktorverschiebung in Abhängigkeit von der Steuerspannung

Wie zu erwarten war, ist ein nahezu linearer Zusammenhang zwischen der Aktorverschiebung und der Ansteuerspannung erkennbar. Für die Fehlerbetrachtung wird der Zusammenhang der Aktordeformation (S_1) in Abhängigkeit von der piezoelektrischen Ladungskonstante (d_{31}) und der angelegten Feldstärke (E_3) aus der Gleichung 2.3 genauer betrachtet:

$$S_1 = d_{31} \cdot E_3$$

Die Herstellerangaben zur piezoelektrischen Ladungskonstante sind Mittelwerte einer Produktcharge und unterliegen technisch bedingt einer Schwankung von ca. *5%*. Die Messungen wurden an einem Prototypen durchgeführt. Diese hat zur Folge, dass die d_{31}-Abweichung als Änderung des Anstieges in die ermittelte Aktorverschiebung eingeht und die Linearität nicht beeinträchtigt. Die angelegte Feldstärke (E_3), welche durch eine Hochspannungsquelle erzeugt wurde, ist auf Grund der Stabilität der Spannungsquelle geringfügig fehlerbehaftet und beträgt im oberen Spannungsbereich ca. *1%*. Weiterhin beträgt der Fehler bei der angewendeten optischen Messung der Aktorverschiebung ca. *10%*.

Kapitel 4. Prototypenentwicklung des Wegvergrößerungssystems

Zusammenfassend hat der Aufbau des Prototyps gezeigt, dass das Lösungskonzept mit einer Speichen-Aktor-Kombination einen nutzbaren Stellweg für die Realisierung eines piezoelektrischen Drosselelementes für einen Gasfederdämpfer liefert. Weiterhin haben die Messergebnisse bestätigt, dass eine linear regelbare Drosselstellung mit diesem Konzept möglich ist. Der für den Prototypen verwendete Piezoringaktor hat einen Außendurchmesser von *42 mm*, wobei im GDF ein maximaler Bauraum von *130 mm* Durchmesser zur Verfügung steht. Somit kann bei der Entwicklung des Vorserienstellgliedes ein größerer Aktor verwendet werden, mit dem sich gleichzeitig ein größerer Stellweg realisieren lässt. Es ist aber zu beachten, dass die bisher verwendete Piezokeramik (*PI 151*) eine Curie-Temperatur von *250°C* hat und der maximale Einsatzbereich gemäß Gleichung 2.1 bei *170°C* ($T_{Curie} - 80°C$) liegt.

5 Vorserienentwicklung

Das in Kapitel 4 beschriebene Hybridaktorprinzip aus einer Stahlspeichen-Piezoring-Kombination erwies sich als zielträchtiges Lösungskonzept für die Steuerung eines Drosselelementes. In einem Großserieneinsatz ist aber diese Variante auf Grund des aufwändigen Aufbaus ungeeignet und muss entsprechend abgeändert werden. Ziel ist, eine relativ kostengünstige, präzise, zuverlässige und serientaugliche Produktionslösung auf diesem Funktionskonzept aufzubauen. Als piezoelektrisches Material wird von nun an *PI 255* verwendet, welches eine höhere Curie-Temperatur von *350°C* hat und somit auch für einen höheren Einsatzbereich von bis zu *270°C* (T_{Curie}-*80°C*) geeignet ist. Hierbei musste aber der Kompromiss eingegangen werden, dass der mechanische Kopplungsfaktor d_{31}, welcher für die Drosselsteuerung genutzt wird, um den Faktor *0,7* geringer ist im Vergleich zum verwendeten PI 151 des Prototyps.

5.1 CAD-Entwurf

Es ist nicht zielführend, die bisherige filigrane Prototypen-Stahlspeichenstruktur mit der benötigten Speichenvorspannung von Hand aufzubauen. Eine Automatisierung des Zusammenbauprozesses ist sicherlich möglich, jedoch gleichzeitig mit extrem hohen Investitionskosten verbunden, welche nicht im Verhältnis zum Endprodukt stehen. Beim nun folgenden Redesign gilt es, eine geeignete Fertigungstechnologie auszuwählen, die sich gegebenenfalls in anderen Anwendungsbereichen etabliert hat. Somit kann auf bestehendem technologischen Wissen aufgebaut werden und bereits vorhandene Konstruktionsrichtlinien im neuen Entwicklungsprozess mit berücksichtigt werden [44]. Weiterhin steht konstruktionstechnisch noch ausreichend Bauraum im GFD zur Verfügung (d_{a_max}=*130 mm*), um den Piezoringaktor größer zu dimensionieren und einen größeren Stellweg zu erreichen.

Drei wesentliche Punkte müssen berücksichtigt werden:

- Es wird ein piezoelektrischer Ringaktor benötigt, welcher mit einer geeigneten Prozesskette in großen Stückzahlen und höchster Präzision gefertigt werden kann.

- Weiterhin muss eine Möglichkeit gefunden werden, um das Funktionsprinzip des Demonstrationsmodells mit der Speichenstruktur kostengünstig und reproduzierbar umzusetzen. Hierbei muss die form- und kraftschlüssige Verbindung zwischen den Speichenelementen und dem Aktor gewährleistet werden.
- Nicht zu vernachlässigen ist das bisher noch nicht erwähnte Design des Drosselgehäuses. Das Gehäuse muss von seinen Abmaßen her in den GFD integriert werden können und mit entsprechenden Drosselquerschnittsöffnungen versehen sein, welche durch den Piezoaktor geregelt werden können.

Die Fertigung des Piezoringaktors erfolgt durch das keramische Spritzgussverfahren. Wie bereits in Kapitel 2.3.4 beschrieben, können mit dieser Produktionsvariante nahezu alle beliebigen Körper aus keramischen Materialien in großen Stückzahlen und mit einer hohen Reproduzierbarkeit gefertigt werden. Weil noch ausreichend Bauraum im GFD zur Verfügung steht, wird der Ringaktor größer dimensioniert als beim Prototypen (Bild 5.1).

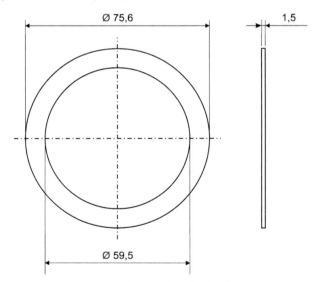

Bild 5.1: Abmaße Vorserienringaktor

Die Vergrößerung des Aktordurchmessers wirkt sich außerdem vorteilhaft auf das Funktionsprinzip aus, weil somit gleichzeitig ein größerer Stellweg im Vergleich zu dem

Kapitel 5. Vorserienentwicklung

Prototypen erreicht wird. Um die Stabilität der spröden Keramik zu verbessern, wird die Ringdicke auf *1,5 mm* erhöht.

Etwas schwieriger gestaltet sich die Vorserienentwicklung für die Speichenstrukturherstellung. Hier muss eine zuverlässige Technologie zum Einsatz kommen, welche gleichzeitig den Montageaufwand und die damit verbundenen Kosten minimiert. Der Lösungsansatz mit den Metalllagern für die Verbindung der Speichenelemente mit dem Aktor beim Prototyp kann auf Grund seiner Komplexität verworfen werden.

Im Bereich der Kunststoffverarbeitung haben sich in den letzten Jahrzehnten verschiedene Spezialverfahren entwickelt. Als kleiner Auszug sollen das Gasinnendruckverfahren [45], Ceramic Injection Molding (CIM) [46], Metal Injection Molding (MIM) [46] oder auch das Film Insert Molding (FIM) [47] erwähnt werden. Ein weiteres Spezialverfahren ist das Insert Molding. Dieses basiert auf dem gezielten Umspritzen von metallischen Einlegeteilen mit einem Kunststoff. Hierbei erfüllen die Metalleinlegeteile unterschiedliche Aufgaben. Im Bereich der Gehäuseproduktion dienen die umspritzten Einlegeteile oftmals als Befestigungspunkte und verstärken die mechanischen Eigenschaften des Produktes (Bild 5.2).

Bei der Herstellung elektronischer Komponenten, wie z.B. Steckverbinder, haben die Einlegeteile in erster Line die Funktion, einen elektrischen Kontakt zu gewährleisten und die mechanische Festigkeit für das Verbindungselement zu garantieren. Durch die Umspritzung der Kontakte mit einem elektrisch isolierenden Kunststoff werden Kurzschlüsse vermieden (Bild 5.3).

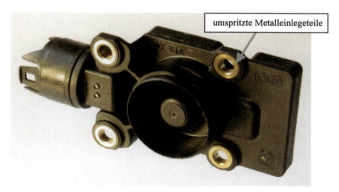

Bild 5.2: Beispiel Insert Molding – Sensorgehäuse für automotive Anwendung [48]

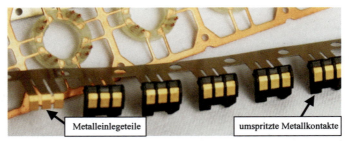

Bild 5.3: Beispiel Insert Molding– umspritzte Elektronikkontakte [49]

Um die Fertigung des Aktorsystems mit den geforderten Randbedingungen zu realisieren, wird das Insert Molding Verfahren von metallischen Einlegeteilen adaptiert. Die Idee ist, den piezoelektrischen Ringaktor als Einlegeteil in einem weiteren Spritzgussvorgang zu verwenden und mit der Speichenstruktur zu umspritzen. Ein anfängliches Konzept, den Keramikring mit einem Metall zu umspritzen (MIM-Verfahren), wurde schnell verworfen. Hintergrund sind die zu unterschiedlichen Schrumpfungsfaktoren zwischen Metall und Keramik sowie die verschiedenen Prozesstemperaturen, welche jeweils beim anschließend benötigten Sinterprozess auftreten. Wird an Stelle der Federstahlspeichen ein Kunststoff verwendet (Bild 5.4), so muss dieser ein hohes E-Modul aufweisen, um einen annähernd gleich großen Aktorstellweg im Vergleich zum Prototypen mit Federstahlspeichen zu erreichen.

Weil alle Kunststoffe nach dem Spritzgießen einem spezifischen Schrumpfungsfaktor unterliegen, müsste hierdurch eine form- und kraftschlüssige Verbindung zwischen Polymerspeichenstruktur und Keramikeinleger umsetzbar sein (Bild 5.5). Gleichzeitig wird durch die Polymerschrumpfung eine geringe Vorspannung auf den Aktor ausgeübt. Das Gesamtsystem sollte kein Spiel aufweisen. Bisher wurden in der Literatur aber Keramiken auf Grund ihrer Sprödheit und damit verbundenen mechanischen Zerstörungsgefahr beim Umspritzen noch nicht als Einlegeteile verwendet. Es kann somit auch nicht auf vorhandene Prozesserfahrungen zurückgegriffen werden. Neben der Sprödheit weisen Piezokeramiken eine weitaus schlechtere Wärmeleitfähigkeit als Metalle auf. Dieses könnte sich beim Umspritzen als problematisch erweisen, weil gegebenenfalls die Polymerschmelze viel zu früh erstarren könnte und die Kavitäten nicht komplett gefüllt werden. Mit einer bestimmten Vortemperierung der Keramikeinlegeteile ist es aber möglich, diesem entgegen zu wirken. Der Speichenversatz von *1 mm* zum Kreismittelpunkt bleibt wie beim Prototypen weiterhin vorhanden. Basierend auf den

Namensgebungen der zuvor erwähnten Spezialverfahren wird das gezielte Umspritzen von keramischen Einlegeteilen als „Ceramic Insert Molding" bezeichnet.

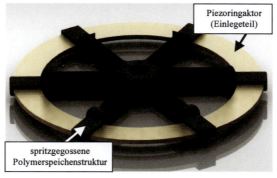

Bild 5.4: CAD-Entwurf – mit Polymer umspritzter Piezoaktorring

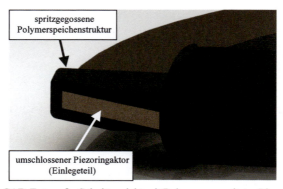

Bild 5.5: CAD-Entwurf – Schnittansicht mit Polymer umspritzter Piezoaktorring

Bei der Auslegung eines Spritzgusswerkzeuges ist immer darauf zu achten, dass entsprechende Entformungsschrägen berücksichtigt werden. Andernfalls lässt sich der Spritzling nicht mehr aus dem Werkzeug entfernen. Infolgedessen kann der Querschnitt der Speichenstruktur nicht, wie beim Prototypen, rechteckig gestaltet werden. Wie im Bild 5.6 und Bild 5.7 dargestellt, verjüngt sich die Breite der neuen Polymerspeichen von *0,6 mm* in der Speichenmitte, welche gleichzeitig die Trennebene im Spritzgusswerkzeug darstellt, auf *0,4 mm* im Außenbereich. Die neue Speichenhöhe wird mit *10 mm* festgelegt. Es ist unbedingt darauf zu achten, dass das Bauteil mit entsprechenden Radien erstellt wird. Diese ermöglichen beim Spritzgießen dem Kunststoffschmelzefluss ein ungehindertes Füllen der Werkzeugkavitäten und vermeiden störende Bauteilspannungen. Weiterhin sind die geltenden Richtlinien für die Gestaltung von Kunststoffbauteilen zu beachten [50], [51].

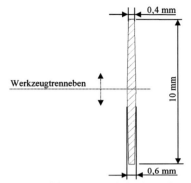

Bild 5.6: Querschnitt der Polymerspeichen

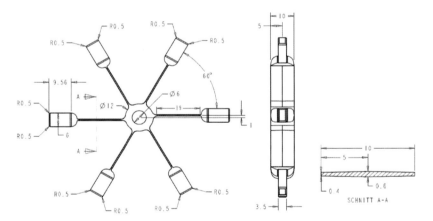

Bild 5.7: Maße der neuen Polymerspeichenstruktur

Für die Berechnung der Speichenbiegelinie ist nun ein neues Flächenträgheitsmoment zu berücksichtigen. Hierfür wird der Speichenquerschnitt (Bild 5.8 a) zunächst in drei Grundflächenelemente (A_1, A_2 und A_3) unterteilt (Bild 5.8 b) und für jede Fläche der Teilflächenschwerpunkt mit dem dazugehörigen Teilflächenträgheitsmoment berechnet (Tabelle 5.1).

Kapitel 5. Vorserienentwicklung

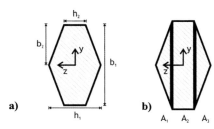

a)   b)

Bild 5.8: Aufteilung der Polymerspeichenquerschnittsfläche in Standardflächen

Teilfläche A_1:	
Schwerpunkt Fläche A_1 (bezogen auf Hauptkoordinatensystem)	$y_{s\_A1} = 0 \qquad z_{s\_A1} = \frac{1}{6}h_1 + \frac{1}{3}h_2$
Flächenträgheitsmoment I_y bezogen auf Schwerpunkt von Fläche A_1	$I_{y\_A1} = \frac{b_1 \cdot (0,5 \cdot h_2 - h_1)^3}{36}$
Flächenträgheitsmoment I_z bezogen auf Schwerpunkt von Fläche A_1	$I_{z\_A1} = \frac{(0,5 \cdot h_2 - h_1) \cdot b_1}{48}$
Flächeninhalt	$A_{A1} = \frac{1}{4} \cdot b_1 (h_1 - h_2)$
Teilfläche A_2:	
Schwerpunkt Fläche A_2 (bezogen auf Hauptkoordinatensystem)	$y_{s\_A2} = 0 \qquad z_{s\_A2} = 0$
Flächenträgheitsmoment I_y bezogen auf Schwerpunkt von Fläche A_2	$I_{y\_A2} = \frac{b_1 \cdot h_2^3}{12}$
Flächenträgheitsmoment I_z bezogen auf Schwerpunkt von Fläche A_2	$I_{z\_A2} = \frac{h_2 \cdot b_1^3}{12}$
Flächeninhalt	$A_{A2} = b_1 \cdot h_2$
Teilfläche A_3:	
Schwerpunkt Fläche A_3 (bezogen auf Hauptkoordinatensystem)	$y_{s\_A3} = 0 \qquad z_{s\_A1} = -\frac{1}{6}h_1 - \frac{1}{3}h_2$
Flächenträgheitsmoment I_y bezogen auf Schwerpunkt von Fläche A_3	$I_{y\_A3} = \frac{b_1 \cdot (0,5 \cdot h_2 - h_1)^3}{36}$
Flächenträgheitsmoment I_z bezogen auf Schwerpunkt von Fläche A_3	$I_{z\_A3} = \frac{(0,5 \cdot h_2 - h_1) \cdot b_1}{48}$
Flächeninhalt	$A_{A3} = A_{A1} = \frac{1}{4} \cdot b_1 (h_1 - h_2)$

Tabelle 5.1: Berechnung der einzelnen Teilflächenschwerpunkte und -trägheitsmomente

Aus den einzelnen Teilflächenträgheitsmomenten (Bild 5.8 b und Tabelle 5.1) berechnet sich das Gesamtflächenträgheitsmoment nach dem Satz von Steiner [41] wie folgt:

$$I_y = \sum_{i=1}^{3} I_{y\_Ai} + z_{s\_Ai}^2 \cdot A_i$$

$$I_y = \frac{b_1 \cdot (0{,}5 \cdot h_2 - h_1)^3}{18} + \frac{b_1 \cdot h_2^3}{12} + \left(\frac{h_1 + 2h_2}{6}\right)^2 \cdot \frac{b_1(h_1 - h_2)}{2}$$

$$I_y = \frac{4 \cdot b_1 \cdot (0{,}5 \cdot h_2 - h_1)^3 + 6 \cdot b_1 \cdot h_2^3 + (h_1 + 2h_2)^2 \cdot b_1(h_1 - h_2)}{72}$$

Mit den geometrischen Abmaßen von *b₁=10 mm*, *h₁=0,6 mm* und *h₂=0,4 mm* folgt:

$$I_y = \frac{13}{180} mm^4$$

Durch die geometrischen Abmaße gilt für die Speichenbiegung an der Stelle *x=0*:

$$w(x=0) = \frac{Fl^3}{3EI_y}$$

$$w(x=0) = \frac{60}{13} \cdot \frac{Fl^3}{E} \approx 4{,}61 \cdot \frac{Fl^3}{E} \tag{5.1}$$

Im Vergleich zum Prototypendesign (Kapitel 4, Gleichung 4.4) ist die zu erwartende maximale Speichenbiegung um das $\frac{325}{216}$-fache (ca. *1,5-fache*) geringer. Dieser Faktor wird nur durch den geänderten Querschnitt der Speichen hervorgerufen. Für eine serientaugliche Produktion des Aktorwegvergrößerungssystems im Spritzgussverfahren ist diese Querschnittsdimensionierung mit den Entformungsschrägen jedoch zwingend nötig. Um einen ausreichenden Stellweg für das Drosselelement weiterhin zu erreichen, wird der Ringaktor mit einem größeren Durchmesser von d_i=59,5 mm und d_a=75,5 mm ausgelegt. Somit vergrößert sich ebenfalls die Länge der Speichen von anfangs *12 mm* auf ca. *19 mm*.

Mit $\quad l_{Spritzguss} = \frac{19}{12} \cdot l_{Prototyp}$

folgt für die maximale Biegung der spritzgegossenen Speichenstruktur:

$$w_{Spritzguss}(x=0) = \frac{60}{13} \cdot \frac{F(\frac{19}{12} \cdot l_{Prototyp})^3}{E}$$

$$w_{Spritzguss}(x=0) \approx 18{,}32 \cdot \frac{Fl_{Prototyp}^3}{E}$$

Kapitel 5. Vorserienentwicklung

Diese Änderung führt theoretisch zu einer *2,6-fach* größeren Auslenkung des Drosselelementes im Vergleich zum Prototypen. Nach langer Materialrecherche wurden zwei Polymere für die Umspritzung des Aktors ausgewählt, welche ein hohes E-Modul aufweisen. Hierbei handelt es sich um *„Badamid© T70 GF50"*, ein Polyamid 6 mit 50 Vol.-% Glasfaseranteil, und um *„Badalac© ABS 20 GF15"*, ein ABS mit 15 Vol.-% Glasfaseranteil. Beide Kunststoffe sind Produkte der Firma *Bada AG*. Die entsprechenden Materialdaten sind im Anhang A.1 aufgeführt.

Parallel zur Konstruktion des Vorserienaktors wurde das dazugehörige Drosselgehäuse entworfen (Bild 5.9). Dieses hat folgende Aufgaben zu erfüllen:

- Aufnahme und Lagerung des Aktors
- Anschluss an die GFD-Druckkammern 1 und 2
- Bereitstellen der Drosselquerschnittsflächen für die Volumenstromregelung

Das Gehäuse besteht aus zwei Bauteilen. Das Gehäuseunterteil nimmt den Aktor auf, realisiert die Luftverteilung und stellt die Drosselflächen bereit. Der dazugehörige Gehäusedeckel dichtet das innere System ab und beinhaltet die benötigten Druckanschlüsse zum GFD. In Bild 5.9 ist bereits der schmale Spalt zwischen dem Aktor und dem Gehäuseunterteil erkennbar. Unter Berücksichtigung der verwendeten Aktorspannung von *1.000 V* muss unter allen Umständen vermieden werden, dass ein Funkenüberschlag zwischen Aktor und Gehäuse vorkommen kann. Aus diesem Grund wird das Gehäuse für die Vorserienentwicklung aus einem elektrisch isolierenden Polyacrylblock mit einer CNC-Fräse gefertigt. In einer späteren Serienproduktion können diese Bauteile auch spritzgegossen werden.

Weil die zu erwartende Aktordrehbewegung, abhängig vom verwendeten Speichenpolymer, in einem Bereich von *ca. 200-300 μm* liegen wird, müssen mehrere Drosselspalte in das Gehäuse integriert werden, um den erforderlichen Gesamtquerschnitt ($25\ mm^2$) zu erreichen. An diesem Punkt werden die vorhandenen sechs Polymerumspritzungen um den Aktor, welche eine Dicke von *3 mm* haben, ausgenutzt, um jeweils als Blende vor einem kleinen Drosselspalt zu fungieren (Bild 5.10). Somit erfüllt die spritzgegossene Speichenstruktur folgende Aufgaben:

- Wegvergrößerungssystem für Aktordrehbewegung
- form- und kraftschlüssige Verbindung zum Piezoringaktor
- Lagerung (Einspannung)
- Drosselblende für die Regulierung des Volumenstromes zwischen den GFD-Druckkammern 1 und 2

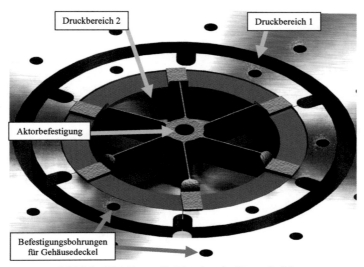

Bild 5.9: CAD-Entwurf - Ringaktor im Drosselgehäuse

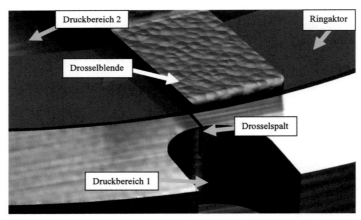

Bild 5.10: CAD-Entwurf - Querschnitt Drosselaufbau und Drosselspalt

5.2 FEM-Simulationen

5.2.1 Ansys© Classic-Simulation des Wegvergrößerungssystems

Bisher wurde eine einfache Biegung der Struktur infolge der radialen Krafteinwirkung durch den Piezoaktor betrachtet. Nicht zu vernachlässigen ist der größere Kraftanteil, welcher in axialer Richtung wirkt (Kapitel 4.1). Diese Komponente führt zu einer zusätzlichen Stauchung der Speichenelemente. Die Speichenstauchung muss wiederum in der Gleichung der Biegelinie berücksichtigt werden. Bei dieser Systemkomplexität empfiehlt es sich, eine komplette computerunterstützte Berechnung durchzuführen. Hierfür wurde zunächst mit Hilfe des CAD-Systems *ProEngineer© Wildfire 5* die Systembaugruppe, bestehend aus dem Keramikringaktor und dem Kunststoffspeichenelement, entworfen. Die 3D-Daten wurden anschließend in ein für *Ansys©* lesbares *.anf-Format exportiert. Für eine bessere Nachvollziehbarkeit der Berechnungen und einen gleichzeitig übersichtlichen und voll automatisierbaren Berechnungsalgorithmus wurde *Ansys 12 Classic©* verwendet. Diese Entscheidung erwies sich als sehr vorteilhaft für die Simulation mit unterschiedlichen Speichenmaterialien. Das CAD-Modell wurde in ein Haupt- und unterschiedliche Unterprogramme importiert, die Randbedingungen definiert und die Modellvernetzung vorgenommen. Durch einen Verweis auf das jeweils gewünschte Materialdatenunterprogramm für die Speichenelemente („*Badamid© T70 GF50*" bzw. „*Badalac© ABS 20 GF15*") erfolgten die Simulationen somit immer unter gleichen Bedingungen und die Ergebnisse können direkt miteinander verglichen werden. Die entsprechenden APLD-Programme sind im Anhang A.4 aufgeführt. Wie bereits aus den ersten Vorüberlegungen hervorging, ist das mit *50 Vol.-%* glasfaserverstärkte *Badamid© T70 GF50* besser geeignet, um einen großen Stellweg zu erhalten.

Als Referenz dienen lediglich die Materialparameter für Stahlspeichen. Es ist technisch kaum realisierbar, eine Keramik unter Verwendung des MIM-Verfahrens zu umspritzen. Dieses ist auf den benötigten Sinterprozess für die MIM-Teile zurückzuführen. Beim Sintern würde sich das Metallgefüge zu einem soliden Gesamtgefüge verdichten und dabei um einen signifikanten Faktor schrumpfen (materialabhängig zwischen ca. *10 %* und *20 %*). Die unterschiedlichen Ausdehnungsfaktoren würden zu einer Zerstörung des Keramikaktors führen.

Bei einer maximalen Ansteuerspannung von *1.000 V*, einem *PI 255* Ringaktor und einer Speichenstruktur aus *Badamid* ist laut FEM-Simulation ein maximaler Aktorstellweg von *187 μm* möglich (Bild 5.11).

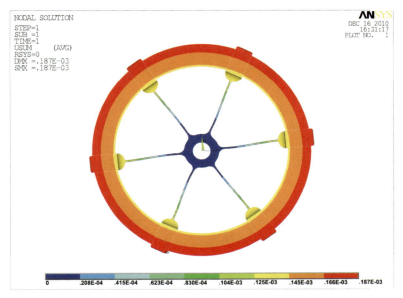

Bild 5.11: FEM-Simulation – Auslenkung PI255 Aktor und Badamid-Speichen

Im Vergleich zum Prototypen mit den Stahlspeichen wird die erreichbare Aktorverstellung auf Grund des verwendeten Polymers kleiner ausfallen. In Grafik 5.1 sind die Simulationsergebnisse der verschiedenen Speichenmaterialien gegenübergestellt. Zusätzlich ist der simulierte Stellweg des Prototyps aus Kapitel 4 zur Veranschaulichung mit dargestellt. Bereits beim Vergleich der E-Module zwischen Stahl, *Badamid*[©] und *Badalac*[©] sind diese zu erwartenden Stellwegdifferenzen durch die allgemein beschriebene Biegelinie erkennbar. Betrachtet man das reine Funktionsprinzip, so fällt auf, dass durch die Vergrößerung des Ringaktors bei gleichbleibendem Speichenmaterial ein ebenfalls größerer Stellweg erreicht wird (Prototyp Stahl: *391 μm*, Vorserienelement Stahl: *889 μm*).

Bei der Auswahl an geeigneten spritzgussfähigen Polymeren mit einem sehr hohen E-Modul wurden bereits glasfaserverstärkte Polymere ausgewählt. Hierbei wies *Badamid*[©] mit *18 kN/mm^2* eines der höchsten E-Module auf. Eine weitere

Materialoptimierung ist an diesem Punkt schwer möglich. Aus diesem Grund wird der zu erwartende Stellweg als gegebener Parameter für die Weiterentwicklung des Drosselelementes verwendet. Es müssen dementsprechend schmale Drosselspalte im Drosselgehäuse integriert werden, um eine Regelung des Volumenstromes im GFD umzusetzen.

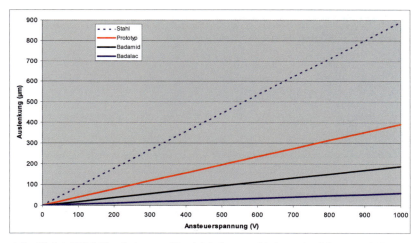

Grafik 5.1: FEM-Simulationen – Vergleich der verschiedenen Speichenmaterialien

5.2.2 Ansys© CFX - Strömungssimulation des Drosselgehäuses

Das bereits in Kapitel 5.1 grob entworfene Drosselgehäuse wurde auf Basis der Aktorsimulationsdaten dahingehend überarbeitet, dass sechs kleine Drosselquerschnitte mit einem Abmaß von *0,2 mm x 1,5 mm* zwischen den beiden Druckkammern integriert werden. Diese Querschnitte werden später von den sechs, um den Ringaktor umspritzten, Polymerdichtflächen geöffnet bzw. geschlossen. Der zu erwartende Druckverlauf bei komplett geöffneter Drossel wurde mit Hilfe von *Ansys© CFX* simuliert. Hierfür musste das CAD-Modell vom Drosselgehäuse invertiert werden, damit die offenen Strömungskavitäten als Volumenkörper vernetzt werden konnten. Das angepasste CAD-Modell wurde anschließend in *Ansys© Workbench* importiert, vernetzt und die Strömungsberechnungen mit dem *CFX*-Zusatzmodul durchgeführt. Als maximale Druckdifferenz zwischen den beiden Kammern wurden, wie in der Einleitung bereits beschrieben, *5 bar* angenommen (Bild 5.12). Das Hauptaugenmerk lag bei der Simulation auf dem Druckverlauf unmittelbar an den Drosselquerschnitten. Auf Grund der Gestaltung des Übergangsbereiches zwischen den beiden Druckkammern war bereits anzunehmen, dass eine idealerweise lineare Druckverteilung im Drosselspalt auftreten wird. Diese Annahme wurde durch die Simulation (Bild 5.13) vorab bestätigt.

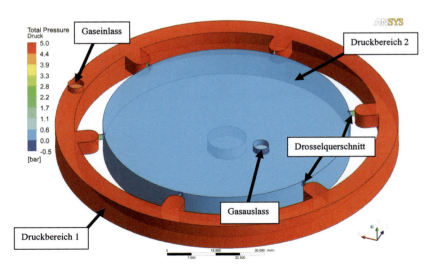

Bild 5.12: *Ansys© CFX*-Simulation – Druckverteilung im Drosselgehäuse

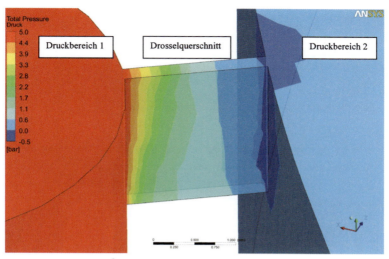

Bild 5.13: *Ansys*© CFX-Simulation – Druckverteilung im Drosselspalt

Entscheidend bei dem Drosselelement ist der zu erwartende Durchfluss, welcher geregelt werden soll. Dieser Durchfluss bestimmt im eingebauten Zustand die Dämpfungscharakteristiken des GFD's. Für inkompressible Medien wird der Durchfluss als Volumenstrom ($\dot{V}$) angegeben. Im Gasfederdämpfer wird aber ein kompressibles Medium (Luft) eingesetzt. Demzufolge ist die Angabe eines Volumenstromes nur unter gleichen Bedingungen (gleiche Medientemperatur und Druck) direkt vergleichbar. Weil das Funktionsprinzip des GFD's aber auf zwei Druckkammern mit einer bestimmten Druckdifferenz aufbaut, geht bereits hervor, dass für einen Durchflussvergleich der Volumenstrom nicht aussagekräftig ist. Eine Abhilfe schafft die Betrachtung des Massestromes ($\dot{m}$). Dieser erlaubt es, unabhängig von der Temperatur und dem jeweiligen Druck, einen direkten Vergleich des Gasdurchflusses aufzustellen. Aus der idealen Gasgleichung

$$PV = nRT$$

folgt für das Gasvolumen:

$$V = \frac{nRT}{P} \tag{5.2}$$

Hierbei ist *n* die Anzahl der Mole, *R* die allgemeine Gaskonstante, *T* die Temperatur und *P* der aktuell vorherrschende Druck.

Weiterhin ist das Gasvolumen auch definiert als:

$$V = \frac{m}{\rho} \quad (5.3)$$

Durch Gleichsetzen der Formeln (5.2) mit (5.3) und Umstellen folgt:

$$\rho = \frac{mP}{nRT} \quad (5.4)$$

Betrachtet man weiterhin die Definition des Massestroms mit:

$$\dot{m} = \rho \dot{V} \quad (5.5)$$

so folgt mit der Dichte nach der idealen Gasgleichung aus Gleichung (5.4) der Zusammenhang zwischen Masse- und Volumenstrom unter Berücksichtigung des jeweiligen Druckes (*P*), der aktuellen Temperatur (*T*) und der molaren Masse des Gases (*m*) [52]:

$$\dot{m} = \frac{mP}{nRT} \cdot \dot{V} \quad (5.6)$$

In *Ansys*© CFX erfolgte die Simulation der Strömungsgeschwindigkeit der geöffneten Drossel bei einer definierten Umgebungstemperatur von *20°C* (*T=293,15 K*). Der Gaseinlass hat einen Durchmesser von *d=6 mm* und einen daraus folgenden Querschnitt von $A_{Einlass}=18,85\ mm^2$. Als Druck wurden konstante *5 bar* ($P=5 \cdot 10^5$ *Pa*) am Gaseinlass vorgegeben. Der Druck am Gasauslass wurde mit *0 bar* festgelegt. Das Simulationsergebnis (Bild 5.14) zeigte, dass am Gaseinlass eine Geschwindigkeit von $v = 93.000\ \frac{mm}{s}$ zu erwarten ist. Hieraus folgt gemäß der allgemeinen Definition für den Volumenstrom:

$$\dot{V}_{Einlass} = v \cdot A_{Einlass}$$

$$\dot{V}_{Einlass} = 1.753.050\ \frac{mm^3}{s} = 1,753 \cdot 10^{-3}\ \frac{m^3}{s}$$

Für den zu erwartenden Massestrom folgt gemäß Gleichung (5.6), der molaren Masse für Luft ($m = 28,97 \cdot 10^{-3}\ \frac{kg}{mol}$) und der allgemeinen Gaskonstante ($R = 8,314472\ \frac{J}{mol \cdot K}$):

$$\dot{m} = 10,418 \cdot 10^{-3}\ \frac{kg}{s}$$

Dieser maximale Massestrom fällt zwar um den Faktor drei geringer aus als der in der Einleitung ideal geforderte Gasmassestrom, jedoch wird dieser Lösungsansatz weiterverfolgt, um das Funktionsprinzip und die gesamte Fertigungsprozesskette zu erproben. Weiterhin ist zu berücksichtigen, dass auf Grund der Randbedingungen (zur Verfügung stehender Bauraum und Ansteuerspannung) gemäß der Konzipierung in

Kapitel 3.2 nur mit der Piezoringaktor-Speichen-Kombination ein größtmöglicher Stellweg erreicht werden kann.

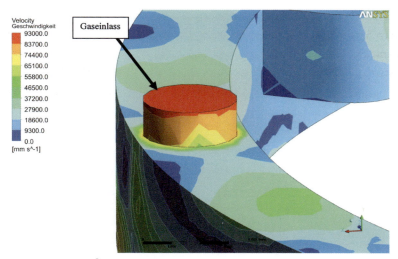

Bild 5.14: *Ansys*© CFX-Simulation – Strömungsgeschwindigkeit am Gaseinlass

5.2.3 Spritzgusssimulation des piezokeramischen Aktors

Die Realisierung des Entwurfs und die Simulation eines Verbundsystems aus Piezokeramik und eines glasfaserverstärkten Polymers (Kapitel 4) wurde bisher in der Literatur, nach vorliegendem Kenntnisstand, noch nicht durchgeführt. Dementsprechend problematisch gestaltet sich eine reproduzierbare und serienproduktionsfähige Umsetzung dieses Lösungskonzeptes. Eine wichtige Zielvorgabe ist die form- und kraftschlüssige Verbindung zwischen der Kunststoffspeichenstruktur und dem Ringaktor. Hierfür kann man sich die Schrumpfungseigenschaften von Kunststoffen beim Spritzgießen zu Nutze machen, denn jedes Polymer schrumpft nach dem Spritzgießen um einen materialabhängigen Faktor. Für die Vermeidung langer Spritzgussversuchsreihen und der damit verbundenen hohen Entwicklungskosten empfiehlt es sich, eine Spritzgusssimulation durchzuführen. Es haben sich auf dem Markt verschiedene Spritzgusssimulationsprogramme etabliert. Für die Produktentwicklung in dieser Arbeit standen unter anderem die Programm *Moldflow*$^©$ und *SimpoeWorks*$^©$ zur Verfügung. Bei beiden FEM-Programmen kann auf sehr umfangreiche Materialdatenbanken der führenden Kunststoffhersteller zurückgegriffen werden.

Der Formgebungsprozess der Polymer-Keramik-Kombination erfolgt in zwei Schritten. Als erstes wird der piezoelektrische Ringaktor spritzgegossen. Dieser muss anschließend entbindert, gesintert, metallisiert und polarisiert werden, bevor er als keramisches Einlegeteil in einem zweiten Formgebungsprozess lokal mit Kunststoff umspritzt wird.

Die CIM-Spritzgusssimulation des Ringaktors erfolgte mit dem Programm *Moldflow MPI 2010*$^©$. In vorangegangenen Versuchsreihen zum Spritzgießen keramischer Feedstocks wurden bereits Erfahrungen mit dem Schwindungsverhalten der Keramiken nach dem Spritzgießen und auch nach dem Sintern gesammelt ([25]). Es hatte sich herausgestellt, dass die piezokeramischen Bauteile vom Spritzgießen bis zum Ende des späteren Sinterprozesses eine Schrumpfung um *15,8%* erfahren. Dieser Schrumpfungsfaktor muss als Aufmaß beim Entwurf des Spritzgusswerkzeuges und auch der Spritzgusssimulation berücksichtigt werden. Weiterhin wurden die vorhandenen Materialdatenbanken mit den Ergebnissen der Vorversuchsreihen der zur Verfügung stehenden Feedstocks erweitert.

Weil bereits feststeht, dass der Ringaktor mit sechs Speichenelementen umspritzt werden soll, erfolgt die Angussanbindung an die Ringkavität mit sechs Punktangüssen.

Kapitel 5. Vorserienentwicklung

Die Gefahr entstehender Grate an den Angussstellen ist nur ein optischer Aspekt und wird durch die spätere Polymerumspritzung an den gleichen Stellen nicht mehr sichtbar sein.

Als Simulationsergebnis stellte sich heraus, dass die optimale Spritzgusswerkzeugtemperatur ca. *80°C* betragen sollte, um ein problemloses Füllen der Kavität sicherzustellen, bevor der Schmelzfluss erstarrt. Der zu erwartende maximale Spritzdruck beträgt ca. *1.400 bar*. Die Füllung der Kavität sollte bereits nach *0,4154* Sekunden abgeschlossen sein (Bild 5.15).

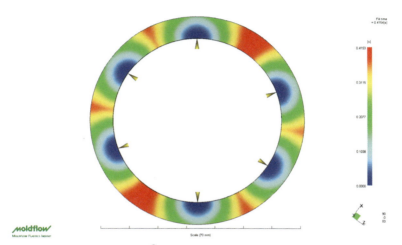

Bild 5.15: *Moldflow MPI 2010*© – Spritzgusssimulation Bauteilfüllzeit Keramikring

Mit der zur Verfügung stehenden Arburg Allrounder 320S Spritzgussmaschine, welche einen erweiterten, maximalen Einspritzdruck von bis zu *2.800 bar* bereitstellt, kann das Bauteil aus einem piezokeramischen Feedstock problemlos gefertigt werden. Das Spritzgusswerkzeug kann unter Berücksichtigung des Schrumpfungsfaktors bedenkenlos hergestellt werden.

5.2.4 Spritzgusssimulation der Polymerspeichen

Neben der Spritzgusssimulation des relativ einfachen Keramikringes ist es sehr ratsam, das Füllverhalten der komplexen Polymerspeichenstruktur vor der Werkzeugfertigung zu untersuchen. Es ist von entscheidender Bedeutung, die Position der Kavität-Anspritzpunkte so zu legen, dass die komplette Struktur gleichmäßig gefüllt wird. Wenn beim Einspritzen eine unsymmetrische Füllung erfolgt, so hat dieses auch unsymmetrische Füllwege zur Folge. Hierbei ist zu beachten, dass der Kunststoffschmelzfluss bereits während des Einspritzvorganges abkühlt und die Gefahr besteht, dass er erstarren kann, bevor die Kavität gefüllt ist. Weiterhin hat das Abkühlen der Schmelze zu Folge, dass der Einspritzdruck stetig steigen muss, um die Masse in die Hohlräume zu bringen. Bei einem ungünstig gelegten Anspritzpunkt und einer unsymmetrischen Bauteilfüllung bedeutet dieses gleichzeitig eine unterschiedliche Druckverteilung im Bauteil. Nach dem Abkühlvorgang würden dann unterschiedliche Materialspannungen im Spritzling auftreten und diese im ungünstigen Fall sogar zu einem Bauteilverzug führen.

Bereits aus dem Design der Speichenkonstruktion geht hervor, dass es prinzipiell zwei Lösungsansätze für die Anspritzorte gibt. Die eine Variante ist, von der Außenseite der sechs Speichen das Polymer in Richtung Bauteilmitte zu spritzen. Dieses hat aber zur Folge, dass die in der Kavität vorhandene Luft vor dem Schmelzfluss hergetrieben wird und in der Bauteilmitte nicht, beziehungsweise nur sehr schlecht, aus der Spritzgussform entweichen kann. Auf Grund des ansteigenden Spritzdruckes am Ende der Füllzeit besteht die Gefahr der Bauteilbeschädigung durch das Auftreten des Dieseleffektes [50] [51]. Weiterhin würden bei dieser Variante die sechs Schmelzfronten in der Bauteilmitte aufeinander treffen und unweigerlich sogenannte Bindenähte entstehen. Bindenähte stellen generell ein Problem in der Bauteilfestigkeit dar und sollten deshalb von vorgesehenen Bauteileinspannungen ferngehalten werden. Die zweite Variante ist eine Anspritzung von der Bauteilmitte aus. Hierbei gelangt der Schmelzfluss gleichmäßig vom Bauteilmittelpunkt in die Speichenstruktur. Es treten nur an der Außenseite der Keramikringumspritzung Bindenähte auf, welche sich an statisch unkritischen Stellen befinden. Sollte man sich nicht sicher sein, an welcher idealen Stelle die Anspritzpunkte gesetzt werden sollen, so kann man mit Hilfe diverser Spritzgusssimulationsprogramme diese auch ermitteln. Als Beispiel für die Bestimmung der idealen Anspritzpunkte bei dem Speichendesign wurde das in *ProEngineer Wildfire 5.0*© integrierte Zusatzmodul

PLASTIC Advisor© *(Education Lizenz)* verwendet. In Bild 5.16 ist das entsprechende Ergebnis dargestellt. Hierbei sind die rot markierten Bereiche die am schlechtesten geeigneten und die blauen Bereiche die für das Bauteil optimalen Anspritzbereiche. Wie bereits in den Vorüberlegungen betrachtet, ist eine Bauteilfüllung von der Mitte her gesehen am besten geeignet.

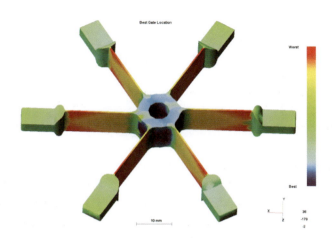

Bild 5.16: Spritzgusssimulation – Bestimmung des optimalen Anspritzpunktortes

Im Rahmen dieser Arbeit kamen mehrere Spritzgusssimulationsprogramme parallel zum Einsatz und die numerischen Ergebnisse konnten auf Grund der global verwendeten Randbedingungen und Materialparameter direkt miteinander verglichen werden. Hierbei handelte es sich um die Programme *Simpoe Works 2009©*, *Moldflow MPI 2011©* (Education Lizenz), *Moldflow MPI 2010©* (prof. Lizenz) und *Moldflow MPA 2010©* (prof. Lizenz). Es ist dabei aber auch darauf hinzuweisen, dass nicht alle Simulatonsmöglichkeiten in jedem der Programme gleich vorhanden waren. Bei der Ermittlung des optimalen Einspritzpunktes wurde von allen Simulationsprogrammen die Bauteilmitte als Optimum richtig erkannt und dargestellt.

Im Anschluss an die erste Voranalyse erfolgte die Bauteilvernetzung und es wurde darauf geachtet, dass in jedem Programm annähernd die gleiche Elementeanzahl verwendet wurde, um die Ergebnisse qualitativ vergleichen zu können. In der Bauteilmitte, der späteren Einspannung der Speichenstruktur, wurden die Anspritzpunkte festgelegt (Bild 5.17).

Kapitel 5. Vorserienentwicklung

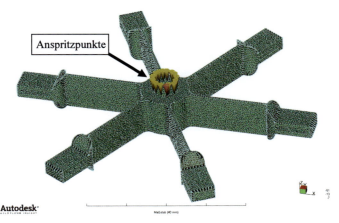

Bild 5.17: Spritzgusssimulation – vernetztes Speichenbauteil mit Anspritzpunkten

Auf Grund der Komplexität des Spritzgussvorganges sind die Ergebnisse kein *100 %-iges* Abbild der zu erwartenden Realität. Es handelt sich bei dem Füllvorgang nicht nur um reine Strömungsmechanik, welche sehr gut heutzutage mit FEM-Programmen analysiert werden kann. Allein der Sachverhalt, dass der Schmelzfluss vom Anspritzpunkt bis zum Ende der Kavität sich abkühlt und auf der gesamten Füllstrecke unterschiedliche Temperaturen aufweist, führt zu einer Änderung der Materialviskosität (Bild 5.18). Diese Viskositätsänderung hat gleichzeitig einen immensen Einfluss auf den Einspritzdruck und auch auf das Nachdruckprofil beim Spritzgussvorgang. Durch die Abkühlung des Schmelzflusses kann das Material unterschiedlich schnell erstarren, und es kann zu einer Lunkerbildung kommen. Als erstes erstarrt der Schmelzfluss an den Werkzeugwänden und kühlt dann bis zur Kavitätsmitte aus. An der Fließfront befindet sich eine schmelzflüssige Schicht, welche von der nachströmenden Schmelze vorangetrieben wird. Eine Bauteilfüllung ist nur so lange möglich, wie sich im Inneren der Kavität noch die nachströmende fließfähige Schmelze in Form der sogenannten „plastischen Seele" befindet und ausbreiten kann. Sobald dieser Bereich erstarrt, ist ein weiteres Nachschieben der Schmelze ausgeschlossen, und der Füllvorgang kommt zum Erliegen.

Kapitel 5. Vorserienentwicklung

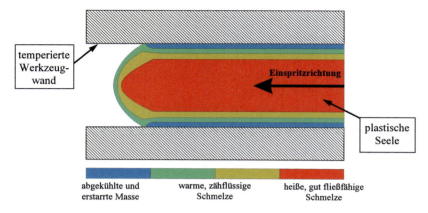

Bild 5.18: Schema des Schmelzflusses beim Füllen einer Werkzeugkavität

Weiterhin sind in der Realität die Polymerschmelzen keine reinen homogenen „Flüssigkeiten", es sind immer verschiedene Stoffzusammensetzungen und Additive in der Schmelze vorhanden. Ein einfaches Beispiel hierfür sind Farbbatches, welche in geringen Mengen dem Grundpolymer hinzugegeben werden, um die gewünschte Produktfarbe zu erreichen. Wie im Fall des für die Speichenelemente gewählten glasfaserverstärkten Kunststoffes, sind sehr oft auch Feststoffe, hier Glasfaser, dem Polymer hinzugemischt, um eine gewisse mechanische Festigkeit des Endproduktes zu erreichen. Wenn man nun berücksichtigt, dass beim Füllvorgang der Kavität keine reine laminare Strömung vorhanden ist, so wird dem Betrachter schnell klar, dass in einem gewissen Grad Entmischungsverhalten und damit verbundene Viskositätsänderungen im Schmelzfluss immer mit auftreten.

Die heutigen Spritzgusssimulationsprogramme beinhalten sehr komplexe und weit entwickelte Numeriken. Trotz ihrer stetigen Weiterentwicklung dienen sie dem Bauteilentwickler in erster Linie als Hilfestellung. Mit Hilfe dieser Programme können gleichzeitig die zu erwartenden Prozessparameter für das fertige Spritzgusswerkzeug ermittelt werden. Diese sind u.a. das Einspritzvolumen, die Massetemperatur, die Werkzeugtemperierung, die Einspritzdrücke und das zu erwartende Nachdruckprofil, aber auch die benötigte Werkzeugschließkraft und erreichbare Zykluszeit. Somit lässt sich bereits im Entwurfsstadium feststellen, ob die vorhandenen Spritzgussanlagen die Prozessparameter für das Werkzeug überhaupt erfüllen.

Problematisch bei den gewählten Anspritzpunkten in der Bauteilmitte ist, dass der Schmelzfluss durch die extrem dünnen Speichen bis hin zur Umspritzung des Keramikaktors gelangen muss, ohne vorher zu erstarren. Es ist bereits jetzt zu erwarten, dass mit einer sehr großen Einspritzgeschwindigkeit und einem hohen Nachdruckprofil zu rechnen ist. Die Bauteilfüllzeiten werden unterhalb einer Sekunde liegen müssen, um die Kavität schnell genug zu füllen. Hinzu kommt, dass das in Kapitel 5.1 ausgewählte Polymer einen sehr hohen Glasfaseranteil hat, welcher die Fließeigenschaften verschlechtert. Aus Sicht der kunststoffgerechten Bauteilgestaltung müssten die Querschnitte der Speichenelemente „so groß wie möglich" ausgelegt werden. Dieses würde aber zu einer enormen Verschlechterung des Wegvergrößerungssystems führen, weil die damit erreichbare Speichenbiegung geringer ausfallen würde und der erreichbare Drosselweg unbrauchbar wird.

Bereits bei der Füllzeitsimulation waren erste Unterschiede zwischen den Programmen erkennbar. Als Spritzgussmaterial stand in den vorhandenen Programmdatenbanken das gewünschte *Badamid*$^©$ nicht zur Verfügung. Deshalb wurde ein ähnlich fließendes Material, *Ultradur*$^©$ *4040* mit einem *50 %-igen* Glasfaseranteil, gewählt. Die Berechnungen mit *Moldflow MPI 2010*$^©$ ergaben eine Füllzeit von ca. *0,6575* Sekunden (Bild 5.19). Dahingegen wurde bei gleichen Randbedingungen mit *SimpoeWorks 2009*$^©$ eine Kavitätenfüllzeit von nur *0,114* Sekunden berechnet (Bild 5.20). In direktem Verhältnis zueinander betrachtet, bedeutet dieses eine

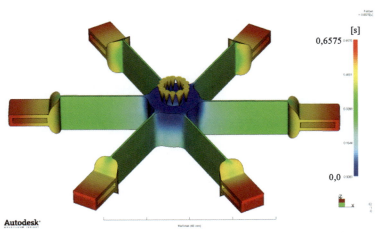

Bild 5.19: *Moldflow MPI 2010*$^©$ – Bauteilfüllzeit (Material Ultradur 4040 50%GF)

Kapitel 5. Vorserienentwicklung

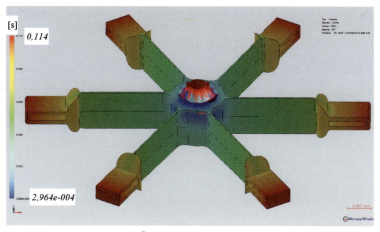

Bild 5.20: *SimpoeWorks 2009*© – Bauteilfüllzeit (Material Ultradur 4040 50%GF)

Abweichung um das 5,7-fache zwischen beiden Werten. Vergleicht man aber die Ergebnisse mit der anfangs durchgeführten Vorüberlegung, dass bereits unterhalb einer Sekunde der Füllvorgang unbedingt abgeschlossen sein muss, so sind die Simulationsergebnisse qualitativ aussagekräftig genug. In Tabelle 5.2 sind die wichtigsten Ergebnisse der unterschiedlichen Simulationsprogramme gegenübergestellt. Anhand dieser Gegenüberstellung wird bereits sehr gut verdeutlicht, dass diese FEM-Programme den Bauteilentwickler dahingehend unterstützen, dass sie Richtwerte für das zu erwartende Produktionsergebnis liefern. Bei dem Vergleich der Füllzeiten ist allerdings hinzuzufügen, dass je nach Programm diese entweder auf das Ende des Einspritzvorganges bezogen sind oder aber auch auf das Ende der Nachdruckphase. Somit sind diese Werte in der Tabelle nicht direkt miteinander vergleichbar. Als Resümee geht aus allen Ergebnissen hervor, dass das Umspritzen des Piezoringaktors mit einem Polymer mit relativ hohem Glasfaseranteil trotz der sehr dünnen Speichenstruktur realisierbar ist. Weiterhin ist eine sehr wichtige Erkenntnis, dass alle Programme die Gefahr von eventuellen Lufteinschlüssen als gering erkennen und eine Bauteilschädigung durch den Dieseleffekt sehr unwahrscheinlich wird.

Parameter	Einheit	MoldFlow Advisor (MPA) 2010	MoldFlow Insight (MPI) 2010	MoldFlow Insight (MPI) 2011 Education	Plastic Advisor 7.0 Education	Simpoe Works 2009
Werkzeugtemperatur	°C	*80*	*80*	*80*	*80*	*80*
Elementenanzahl beim Vernetzen	-	*k. A.*	*452.847*	*452.847*	*k. A.*	*453.536*
Füllzeit	s	*0,83*	*0,6575*	*0,7451*	*0,38*	*0,114*
erforderlicher Einspritzdruck	MPa	*140,8*	*75,8678*	*71,0355*	*180,0*	*69,621*
Bezugsfläche für Zuhaltekraft	cm²	*8,7378*	*8,7588*	*8,7588*	*8,74*	*8,763*
erforderliche Werkzeugschließkraft	t	*8,178*	*4,6415*	*3,995*	*19,26*	*4,48*
zu erwartende Zykluszeit	s	*17,8*	*k. A.*	*k. A.*	*6,62*	*4,11*
Gefahr von Lufteinschlüssen	-	*gering*	*gering*	*gering*	*gering*	*gering*
Gesamtformteilgewicht	g	*4,743*	*4,6650*	*4,7461*	*4,867*	*4,021*
Füllvolumen	cm³	*2,8599*	*2,8637*	*2,8637*	*2,87*	*2,866*
max. volumetrische Schwindung	%	*k. A.*	*12,1733*	*12,0707*	*k. A.*	*10,496*

Tabelle 5.2: Vergleich Spritzgusssimulationsprogramme

5.3 Fertigung des Aktorsystems

Die Fertigung des bisher entworfenen Aktorsystems erfolgte in mehreren einzelnen Prozessschritten. Als erstes wurde der Ringaktor mit Hilfe des CIM-Verfahrens hergestellt. Dieser wurde im Anschluss entbindert, gesintert und metallisiert. In dem darauf folgenden neu entwickelten Ceramic-Insert-Molding-Verfahren wurde die bereits metallisierte Keramik als Einlegeteil in eine neue Spritzgusswerkzeugkavität eingelegt und mit der Polymerspeicherstruktur umspritzt. Erst im Anschluss an das Umspritzen wurde der Aktor polarisiert, und das Wegvergrößerungssystem war fertig. Parallel hierzu erfolgte die CNC-Bearbeitung des Drosselgehäuses.

5.3.1 Spritzgießen des piezoelektrischen Ringaktors

Für den Spritzgussvorgang stand eine *Arburg Allrounder 320S 500 60-60* Spritzgussmaschine mit einer Schließkraft von *500 t (500 kN)* zur Verfügung. Sie wurde für den keramischen Spritzguss extra mit einer hoch verschleißfesten Zylindergarnitur ausgerüstet und hat eine lagegeregelte Schnecke, welche eine exakte Materialdosierung ermöglicht. Die Temperierung des Spritzgusswerkzeuges erfolgte mit einem Zweikreis-Öl-Temperiergerät. Im Vergleich zu einer im Werkzeug integrierten elektronischen Heizung haben Öl- und Wasser-Temperiergeräte den Vorteil, dass sie auch die im Werkzeug entstehende Wärme, welche beim Spritzgussvorgang auftritt, abtransportieren können. Prinzipiell besteht der einzige Unterschied zwischen Öl- und Wasser-Temperiergeräten in der maximal erreichbaren Werkzeugtemperatur. Mit Wassergeräten werden üblicherweise bis zu maximal *160°C* im Vorlauf erreicht, wobei Ölgeräte bis zu *320°C* erreichen. Im Kapitel 5.2.3 wurde bei der Simulation bereits eine optimale Formtemperatur von *80°C* ermittelt. Hierbei handelt es sich aber um die Temperatur in der Werkzeugkavität. Der Ausgang des Temperiergerätes musste entsprechend höher mit ca. 110°C temperiert werden, um die Wämeabgabeverluste durch das Stahlwerkzeug auszugleichen. Weil es sich in diesem Produktlebenszyklus um ein Vorserienmodell handelt und für die Herstellung des Drosselelementes zweimal das Spritzgussverfahren mit zwei unterschiedlichen Kavitäten benötigt wird, wurde ein Spritzgusswerkzeug, welches beide Kavitäten enthält, gebaut (Bild 5.21). In der späteren

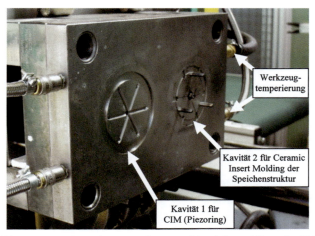

Bild 5.21: Vorserienspritzgusswerkzeug auf der Arburg Allrounder 320S

Serienproduktion ist es empfehlenswert zwei getrennte Werkzeuge zu bauen, welche auf unterschiedlichen Maschinen in der Produktion stehen können. Um weitere Produktionskosten zu senken, sollten dann auch in einem Werkzeug Mehrfachkavitäten enthalten sein. Somit können in gleicher Zykluszeit höhere Stückzahlen erreicht werden. Beim Polymerspritzguss werden in der Regel die Ausgangsmaterialien vorgetrocknet, um Bauteilschäden durch die Luftfeuchtigkeit auszuschließen. Im Gegensatz dazu dürfen keramische Feedstocks auf Grund des vorhandenen Bindersystems, welches sehr häufig Wachse enthält, auf keinen Fall vorgetrocknet werden. Die Feedstocks können direkt verarbeitet werden. Seitens der Kavitätenfüllung gibt es ebenfalls Unterschiede zwischen CIM und Polymerspritzguss. Wenn mit einem Polymer ein Formteil spritzgegossen wird, so erfolgt bei ca. 95 % der Bauteilfüllung die Umschaltung auf das Nachdruckprofil. Die restlichen verbleibenden ca. 5 % werden mit dem definierten Nachdruckverlauf gefüllt, um ein Einfallen des Bauteils beim Abkühlen des Polymers und die damit verbundenen Materialschrumpfung zu verhindern. CIM-Bauteile hingegen sollten immer mit dem Einspritzen komplett gefüllt werden. Ein Nachschieben weiterer Schmelze über das Nachdruckprofil ist wegen der schnellen Wärmeabgabe der Formmasse an das Werkzeug und der dadurch verbundenen Erstarrung kaum möglich. Dank der vorher durchgeführten Spritzgusssimulationen stand ein umfangreicher Datensatz an Maschinenparametern zur Verfügung. Obwohl es eine gewisse Schwankung der ermittelten Parameter, wie zum Beispiel dem Einspritzdruck oder der Füllzeit gab, waren vorab bereits etliche Richtwerte bekannt. Hierdurch konnten die Einrichtzeiten an der *Arburg Allrounder* signifikant verkürzt werden.

Weiterhin war bereits bekannt gewesen, dass keramische Feedstocks ein sehr abrasives Verhalten aufweisen. Beim CIM ist der Keramikanteil in der Schmelze für den Abrieb im Spritzgusswerkzeug verantwortlich. Um den Werkzeugverschleiß so gering wie möglich zu halten, wurde der Bereich der Keramikringkavität im Spritzgusswerkzeug auf *58 HRC* gehärtet. Dieses reichte aber nicht aus, um einen Abrieb am Werkzeug zu vermeiden, und die ersten CIM-Spritzlinge zeigten deutliche Verunreinigunen (Bild 5.22) von den Anspritzpunkten ausgehend. Als Abhilfe wurde der Anschnitt an den Anspritzpunkten vergrößert und die Kavitätenoberfläche zusätzlich mittels Nitrieren nachgehärtet. Hierdurch ist es letztendlich gelungen, den Werkzeugabrieb zu verhindern und zur Weiterverarbeitung geeignete Piezokeramikringe zu spritzen.

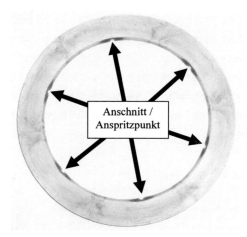

Bild 5.22: Verunreinigter CIM-Spritzling durch Werkzeugabrieb

5.3.2 Entbindern

Für die spritzgusstechnische Verarbeitung der Piezokeramiken wurde bei der Firma *Arburg* das PZT-Pulver mit einem mittleren Korndurchmesser von *1-5 µm* mit dem kommerziell erhältlichen Hauptbindemittel *Licomont EK 583* der Firma *Clariant* in einem Doppelschneckenextruder gemischt. Als Gleitmittel wurde Polyethylenglycol 35000 (PEG 35 000) und als Weichmacher ein spezielles Harz zugemischt. Der verarbeitungsfertige Feedstock setzte sich folgendermaßen zusammen:

PZT-Pulver (Keramik)	*91,5 Vol.%*
Licomont EK 583 (Bindemittel)	*6,0 Vol.-%*
PEG 35 000 (Gleitmittel)	*1,5 Vol.-%*
Harz (Weichmacher)	*1,0 Vol.-%*

Tabelle 5.3: Zusammensetzung des verwendeten piezokeramischen Feedstocks

Ein sehr großer Vorteil des hier verwendeten Bindersystems ist, dass eine rein thermische Entbinderung erfolgt. Abgesehen von einer sehr genauen Regelung der Ofentemperatur sind keine weiteren aufwändigen Technologien notwendig, wie z.B. eine Abgasverbrennung oder Entbinderung in Schutzgasatmosphäre. Für die ersten Entbinderungsversuche, welche jeweils ca. *8,4* Tage dauerten, wurde erfolgreich das empfohlene Temperaturprofil des Herstellers verwendet. In den darauffolgenden Testreihen wurde das Entbinderungsprofil soweit optimiert, dass nach ca. *3* Tagen die spritzgegossenen Keramikringe vollständig entbindert waren und keine Defekte aufwiesen (Anhang A.5). Der durch das Entweichen des Bindemittels hervorgerufene Gewichtsverlust betrug *8,25 %* ($\triangleq$ ca. *1,7 g*) pro spritzgegossenem Ring. Das Ausgangsgewicht lag bei je *20,6 g*. Das Entbinderungs-Temperaturprofil kann man in vier typische Segmente unterteilen (Grafik 5.2):

        I.) Entfernen des Gleitmittels (PEG 35 000)
        II.) Entfernen des Hauptbindemittels (Licomont EK 583)
        III.) Entfernen des Harzes
        IV.) Abkühlvorgang

Kapitel 5. Vorserienentwicklung

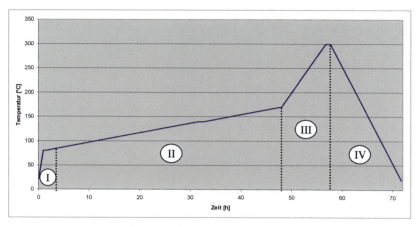

Grafik 5.2: Optimiertes Entbinderungsprofil

Es hatte sich in mehreren Versuchsreihen herausgestellt, dass der in Grafik 5.2 gezeigte Temperaturverlauf für den Keramikring das Optimum darstellt. Im Bereich II wurde mit einer maximalen Aufheizrate von *2 K/h* das Hauptbindemittel herausgetrieben. Eine schnellere Aufheizrate führte in vorherigen Versuchen zu einer Erhöhung des Innendrucks im Bauteil, da noch nicht ausreichend offene Poren im Gefüge vorhanden (Bild 5.23) waren, um den inneren Binder entweichen zu lassen. Hierbei kam es zu einer Zerstörung des Spritzlinges.

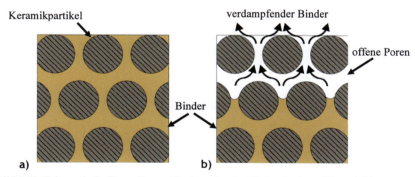

Bild 5.23: Schematische Darstellung - Verdampfen des Bindemittels und Porenbildung

5.3.3 Sintern

Der nach der Entbinderung vorliegende Braunling ist ein fragiles Formteil, welches nur noch durch einen geringen Anteil des verbliebenen Restbinders stabilisiert wird. Die Herstellung eines mechanisch festen Körpers und somit das Verdichten der PZT-Partikel erfolgt in einem sogenannten Sinterschritt. Hierbei werden die geformten und entbinderten Körper in einem Ofen einem bestimmten Temperatur-Zeit-Regime unterzogen mit dem Ziel, eine nahezu vollständige Verdichtung und Bildung eines Festkörpers zu erreichen.

Die Sintervorgänge sind sehr komplex und hängen von unterschiedlichen Faktoren ab. Die Korngrößen des verwendeten Ausgangsmaterials sind ausschlaggebend für das benötigte Temperaturprofil. Als Ausgangsmaterial für das Spritzgießen wurde ein piezokeramisches Pulver mit einem mittleren Korndurchmesser von $d_{50}=1-5\mu m$ verwendet. Einen weiteren bedeutenden Einfluss auf die Materialverdichtung haben die zuvor angewendete Formgebungstechnologie und der dort verwendete Pressdruck. Weil es sich bei PZT-Keramiken ausschließlich um oxidische Systeme handelt, müssen diese im Ofen in einer neutralen bis schwach oxidierenden Atmosphäre gesintert werden.

Im Allgemeinen gilt für Blei-Zirkon-Titanat, dass Sintertemperaturen im Bereich von *1100°C* bis *1300°C* nicht überschritten werden sollten. Hierbei ist zu erwähnen, dass bei Temperaturen oberhalb von *900°C* als Besonderheit, im Vergleich zu anderen Oxidkeramiken, eine Zersetzung der vorhandenen Mischkristalle gemäß der nachfolgend angeführten Formel von Saha und Agrawal [55] auftritt:

$$Pb(Zr_X Ti_{1-X})O_3 \xrightarrow{>900°C} Pb_{(1-\Delta)}(Zr_{X-\delta}Ti_{1-X})O_{3-\Delta-2\delta} + \Delta PbO \uparrow + \delta ZrO_2 \qquad (5.7)$$

Auf Grund des Bleioxidschmelzpunktes von *884°C* und der bereits parallel verlaufenden Ausgasung aus der Schmelze und des damit verbundenen hohen PbO-Partialdruckes, kann Bleioxid aus der Probe beim Sintern entweichen. Dieses hat zum einen zur Folge, dass die fertig gesinterte Piezokeramik ein PbO-Defizit, bezogen auf die Stöchiometrie von typischerweise *2-3 Mol-%* hat und somit schlechte piezoelektrische Eigenschaften aufweist. Zum anderen kann auf Grund des ansteigenden Druckes in dem Sinterkörper dieser mechanisch beschädigt werden.

Um dem Ausgasen entgegen zu wirken, werden sehr häufig die PZT-Proben in einem PbO-haltigen Pulverbett gesintert. Es hat sich aber auch als zielträchtig erwiesen, die Keramiken in einer kleinen Schale aus hochverdichtetem und geschliffenem Aluminiumoxid zu kapseln und damit das Entweichen des Bleioxides zu vermindern. Diese Variante kam bei den Piezoringaktoren zum Einsatz (Bild 5.24).

Bild 5.24: Kapselung der PZT-Ringe beim Sintern

Den Sinterverlauf kann man allgemein in drei verschiedene Phasen unterteilen (Bild 5.25):

I.) <u>Frühstadium:</u> In diesem ersten Sinterstadium ordnen sich die vorhandenen Keramikpartikel neu an, um einen maximalen Oberflächenkontakt zu bilden. Hierbei wird das durch den entwichenen Binder vorhandene Leerstellengefüge geschlossen, und es vergrößert sich die Packungsdichte. Zwischen den Körnern bilden sich durch die Oberflächendiffusion erste Sinterhälse an den Kontaktflächen aus.

II.) <u>Mittelstadium:</u> Es erfolgt die Ausbildung des Festkörpers aus den einzelnen Keramikteilchen durch Volumen- und Korngrenzendiffusion von Atomen bzw. Leerstellen. Hierdurch verbinden sich die einzelnen Partikel zu einem zusammenhängenden Keramikkörper. Dieses führt zu einer signifikanten Sinterschwindung des gesamten PZT-Körpers, und das Kornwachstum beginnt.

III.) <u>Spätstadium:</u> Im letzten Schritt erfolgt die Austreibung der vorhandenen Restporosität bis zum Erreichen der Sinterrohdichte (Bauteildichte nach Sinterprozess). Das Kornwachstum nimmt weiter zu.

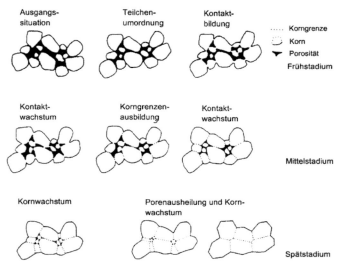

Bild 5.25: Kornwachstum während des Sinterprozesses [8]

Äquivalent zur Anpassung des Entbinderungsprofils erfolgte eine Optimierung des Sinterprofils (Anhang A.6). Ausgehend von den Herstellerempfehlungen ist es in langwierigen Versuchsreihen gelungen, die Sinterzykluszeit von ca. 7 Tagen auf 1½ Tage zu reduzieren, ohne Bauteilschädigungen zu erhalten. Im Anhang A.7 ist ein kleiner Überblick über typische Entbinderungs- und Sinterprobleme von piezokeramischen Feedstocks aufgeführt. In Grafik 5.3 ist das für die spritzgegossenen PI 255-Keramikringe optimierte Sinterprofil dargestellt. Hierbei sind die bei dem CIM-Verfahren typischen Sinterbereiche sehr gut zu erkennen:

I.) Verdampfen von Restfeuchtigkeit, Ausbrennen von verbliebenen organischen Bindemitteln und Plastifikatoren

II.) Frühstadium (Oberflächenkontaktbildung)

III.) Mittelstadium (Schwindung und Vervollständigung der Festphasenreaktion)

IV.) Spätstadium / Endstadium (Bildung des polykristallinen Gefüges, Kornwachstum und Verdichtung)

V.) Abkühlvorgang

Um eine spätere Nachbearbeitung der Keramikkörper und damit gleichzeitig unnötige Prozesskosten zu vermeiden, ist es ratsam, den Sinterschwund für den jeweils verwendeten Feedstock und das Sinterprofil anhand von Probekörpern zu bestimmen. Die

Kapitel 5. Vorserienentwicklung

gewonnenen Schwindungsparameter, welche annähernd homogen für Keramiken sind, sollten bei der Auslegung des Spritzgusswerkzeuges als entsprechendes Aufmass berücksichtigt werden. Derartige Vorversuche wurden in der Vorbereitungsphase für das zu entwickelnde piezoelektrische Drosselelement durchgeführt [25], und das ermittelte Sinterschwundmaß von 15,8 % (Bild 5.27) wurde bei der Werkzeugdimensionierung berücksichtigt. Durch das Entweichen des Restbindemittels und das in Gleichung 5.7 beschriebenen Verdampfen von PbO betrug die Gewichtsabnahme durch das Sintern *0,2 g*.

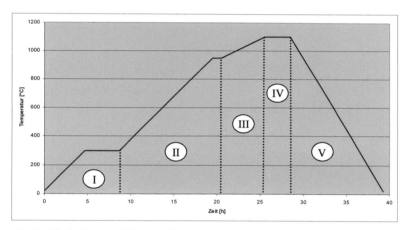

Grafik 5.3: Optimiertes Sinterprofil der spritzgegossenen Keramikringe (*PI 255*)

Bild 5.26: REM-Aufnahmen vom Korngefüge der gesinterten Piezoringe
(links: Frühstadium, rechts: Endstadium)

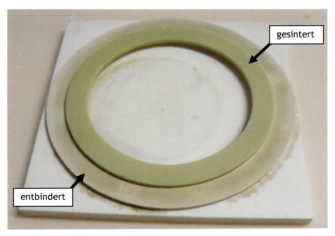

Bild 5.27: Sinterschwund – Vergleich entbinderter und gesinterter PZT-Ring

5.3.4 Metallisierung

Die fertig gesinterten Keramiken müssen elektrisch kontaktiert werden, um später ein elektrisches Feld in Vorzugsrichtung anlegen zu können. Hierfür gibt es eine Vielzahl von Verfahren, wobei an dieser Stelle nur auf einige ausgewählte Möglichkeiten kurz eingegangen wird.

Sehr weit verbreitet in der Leiterplattentechnologie und auch bei LTCC-Anwendungen (*low temperature co-fired ceramics*) ist das Siebdruckverfahren. Es handelt sich hierbei um ein aus der Drucktechnik adaptiertes Verfahren, welches für elektrisch leitende Pasten verwendet wird. Das Funktionsprinzip ist relativ simpel und hat sich in der Serienproduktion bereits etabliert (Bild 5.28). Es wird eine Schablone (Sieb) auf das Keramiksubstrat gelegt. Mit einem Rakel wird die Leitpaste darübergestrichen. Das Material wird somit nur in den strukturierten Bereichen des Siebes auf das Substrat aufgetragen. Im Anschluss muss die Paste in einem Ofenprozess noch ausgebrannt werden, und die gewünschte Elektrodenform ist auf der Piezokeramik einsatzbereit. Typische Schichtdicken liegen hier in einem Bereich von ca. *50 µm – 1mm*, je nach Dicke des verwendeten Siebes. Deshalb zählt dieses Verfahren auch zur Dickschichttechnik.

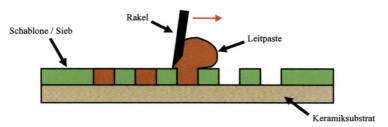

Bild 5.28: Metallisierung – Schema des Siebdruckverfahrens

Eine weitere Möglichkeit, leitfähige Materialien auf ein Substrat aufzutragen, ist die Verwendung des M^3D-Verfahrens (*maskless mesoscale material deposition*). Dieses Verfahren beruht auf dem Funktionsprinzip eines Inkjet-Druckersystems (Bild 5.29). Speziell entwickelte elektrisch leitfähige Suspensionen werden in einem Zerstäubersystem zu einem Aerosol zerstäubt. Über eine regelbare Düse wird das Aerosol dann direkt auf das Substrat aufgesprüht. Nach einem kurzen Trocknungsprozess muss das abgeschiedene elektrisch leitfähige Material in einem Ofen nachbehandelt werden. Vorteilhaft ist, dass das Substrat nicht nur eben sein muss; es können durch die Verstellung der Düsenhöhe auch gewölbte Oberflächen metallisiert werden. Hauptsächlich kommt dieses Verfahren bei der Realisierung kleiner Leiterbahnen (z.B. in der Solartechnik) zum Einsatz. Für eine großflächige Metallisierung, wie sie für die Keramikringaktoren benötigt wird, müssen mehrere sequentiell verlaufende Sprühvorgänge durchgeführt werden. Wie im Bild 5.30 zu erkennen ist, ist im Bereich der Mikroelektronik dieses Verfahren eine große Innovation. Wegen der relativ schmalen Bahnstrukturen (ca. *10 μm - 250 μm*) eignet es sich aber nicht für eine vollflächige Beschichtung der Keramiken. [56]

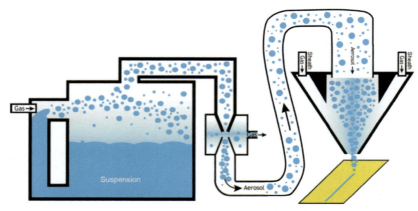

Bild 5.29: Metallisierung – Funktionsprinzip des M^3D-Verfahrens, geändert nach [56]

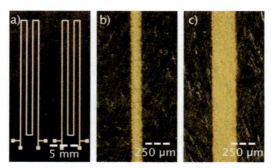

Bild 5.30: Metallisierung – typische Bahnbreiten beim M^3D-Verfahren [56]

In der Mikrosystemtechnik wird sehr häufig das Sputtern (Bild 5.31) als Verfahren für das Auftragen von Elektrodenschichten verwendet. Beim Sputtern handelt es sich um eine physikalische Abscheidung dünner Schichten, kurz PVD-Verfahren (*physical vapour deposition*). Im Laufe der Jahre haben sich etliche verschiedene Sputterprinzipien etabliert, auf die an dieser Stelle nicht explizit eingegangen wird. Grundlegend haben alle Varianten gemeinsam, dass aus einem Schichtmaterial (Target), welches z.B. Kupfer, Gold, Chrom, Platin oder Aluminium sein kann, die Atome bzw. Atomcluster durch Ionenbeschuss in einem Plasma aus dem Target herausgeschlagen werden und sich auf dem Substrat niederschlagen. Dieses Verfahren eignet sich sehr gut, um großflächige Metallisierungen mit homogener Schichtdicke zu erreichen. Um bestimmte Elektrodenformen auf dem Substrat zu realisieren, kann man vor dem Sputtern eine Maske auf das Substrat legen. Die typischen Schichtdicken der Metallisierung liegen in einem Bereich von ca. *10 nm* bis zu *1 μm*. Dementsprechend zählt das Sputtern mit zur Dünnschichttechnik [57]. Am Lehrstuhl Mikrosystemtechnik des Instituts für Mikro- und Sensorsysteme (IMOS) der Otto-von-Guericke-Universität Magdeburg wurde die vorhandene Sputteranlage vom Typ *LS500ES* der Firma *von Ardenne Anlagentechnik GmbH* für die vollflächige Metallisierung der Piezokeramikringaktoren verwendet. Zielstellung war eine beidseitige Metallisierung auf der Keramikoberfläche aus einem Material, auf dem später die Anschlussdrähte angelötet werden konnten. Bei der Wahl des Targets wurde gleichzeitig der Kostenfaktor für eine spätere Serienproduktion mit

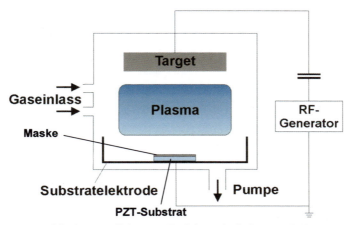

Bild 5.31: Metallisierung – Funktionsprinzip Sputtern [58]

berücksichtigt und Kupfer gewählt. Damit sich die Kupferelektrode nicht vom Piezokeramiksubstrat löst, wurde zuerst eine *30 nm* dicke Chromschicht auf die Keramiken als Haftvermittler gesputtert. Hierbei handelt es sich um gesammelte Erfahrungswerte in der Metallisierung von PZT im Laufe dieser Arbeit. Auf diese Chromschicht wurde anschließend eine *200 nm* dicke Kupferschicht aufgedampft [25]. Weil die Keramik nur durch ein elektrisches Feld und keinen großen Stromfluss gesteuert wird, sind die erreichbaren Schichtdicken ausreichend. Diese Metallisierungsvariante wird ebenfalls in Serienproduktionen eingesetzt und kann problemlos in die hier benötigte Prozesskette integriert werden.

Eine weitere Möglichkeit für eine vollflächige Beschichtung der Keramiken ist das Lichtbogenverdampfen (Bild 5.32). Dieses Verfahren beruht ebenfalls auf dem Prinzip der physikalischen Gasphasenabscheidung. Im Gegensatz zum Sputtern werden hier aber die Atome und Ionen des Targets durch einen starken Strom, welcher bei einer elektrischen Entladung zwischen zwei Elektroden fließt, herausgelöst und in die Gasphase gebracht. Der zwischen den beiden Elektroden entstehende Lichtbogen hat dem Verfahren den Namen Arc-PVD (*arc evaporation - physical vapour deposition*) gegeben. Am Institut für Fertigungstechnik und Qualitätssicherung (IFQ) der Otto-von-Guericke-Universität Magdeburg wird dieses Verfahren für die Beschichtung von Zerspanwerkzeugen und Bauteilen mit verschleißfesten und dekorativen Schichten eingesetzt [59]. Hier steht eine Arc-PVD-Anlage mit drei Verdampfern zur Verfügung, mit der sich eine Schichtdicke von *1-10 μm* abscheiden lässt. In einer Kooperation mit dem IFQ wurde erfolgreich die Beschichtung von spritzgegossenen Piezokeramiken mit einer ca. *4 μm* dicken Kupferschicht erprobt. Bei der zur Verfügung stehenden Anlage musste eine Halterung für die PZT-Proben angefertigt werden, weil diese stehend in die Reaktionskammer eingebracht werden. Vorteilhaft ist, dass beim Beschichten die Probe in der Reaktionskammer gedreht wird und in einem Prozessdurchgang beide PZT-Seiten metallisiert werden. In Bild 5.32 ist eine in Kapitel 2.2.4 beschriebene spritzgegossene dreidimensionale Piezokeramik in der Reaktionskammer vor einem der drei Verdampfer dargestellt.

Im Vergleich zur Sputteranalage am IMOS, bei der mehrere PZT-Körper gleichzeitig auf einen Probenteller gelegt werden, ist der Bestückungsaufwand bei der vorhandenen Arc-PVD-Anlage für einen Beschichtungsprozess etwas aufwändiger. Es sei an dieser Stelle erwähnt, dass es auch andere Arc-PVD-Lösungen gibt, bei denen mehrere Proben gleichzeitig ohne eine benötigte Halterung liegend beschichtet werden können. Bei der hauptsächlich am IMOS genutzten PVD-Metallisierungsvariante muss berücksichtigt werden, dass in einem Durchgang immer nur eine Probenseite beschichtet werden kann. Im Anschluss müssen die Substrate von Hand gewendet und erneut auf den Substratträger gelegt werden. Trotzdem ließ sich ein höherer Materialdurchsatz in der Sputteranlage erzielen. Deshalb wurde sie als Standardbeschichtungsverfahren in der weiterführenden Arbeit verwendet.

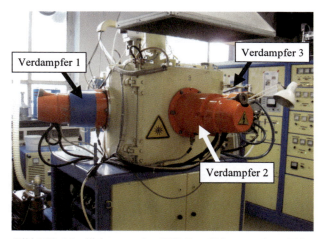

Bild 5.32: Metallisierung – Arc-PVD-Beschichtungsanlage (IFQ)

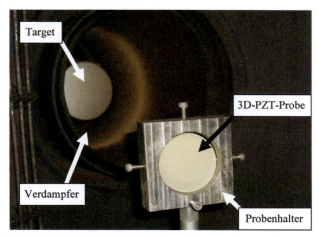

Bild 5.33: Metallisierung – Arc-PVD-Beschichtung einer 3D-Piezokeramik

5.3.5 Ceramic Insert Molding

Der metallisierte Piezoringaktor musste nun mit der entworfenen Speichenstruktur umspritzt werden. Dieses war eine der größten Herausforderungen in der kompletten Prozesskette und wie anfangs bereits erwähnt, wurde eine derartige Umspritzung bisher weltweit, nach bisheriger Literaturrecherche, nicht realisiert. Im Spritzgusswerkzeug wurde der Bereich, in den die Keramikringe eingelegt werden sollten, mit einem Aufmaß von *50 µm* größer gefertigt. Hintergrund für diese Entscheidung war, dass das Spritzgusswerkzeug im Betrieb auf mindestens *80°C* temperiert wird und sich hierdurch der Werkzeugstahl ausdehnt. Die spröden Keramiken müssen sich leicht in das Werkzeug einlegen lassen, um eine mechanische Beschädigung zu vermeiden. Der geringe Spalt, welcher hierdurch zwischen dem Keramikeinleger und der Werkzeugkavität entsteht, kann sich bei einem zu hoch eingestellten Einspritzdruck etwas mit der Kunststoffschmelze füllen. Durch eine exakte Einstellung und Regelung der Spritzparameter kann dieses bei der Prozessoptimierung, dank der lagegeregelten Schnecke, justiert und vermieden werden. Basierend auf den bereits gewonnenen Spritzgussparametern aus den Simulationen (Kapitel 5.2.4) standen erste Richtwerte für die Maschinenprozessparameter zur Verfügung. Den Herstellerangaben entsprechend wurde das verwendete Polymer *Badamid$^©$ T70 GF50* für ca. *4* Stunden bei *80°C* vorgetrocknet, um Bauteilbeschädigungen durch eventuell vorhandene Restfeuchtigkeit im Granulat zu vermeiden. Das Spritzgusswerkzeug wurde mit einer Kavitätentemperatur von *80°C* temperiert. Danach konnten die ersten Umspritzungsversuche gestartet werden. Es stellte sich sehr schnell heraus, dass es unter den gegebenen Bedingungen nicht möglich war, die Speichenkavität komplett zu füllen. Die Schmelze erstarrte bereits in den Speichen, bevor sie den Bereich der Piezoumspritzung erreichte. Selbst eine Einspritzdruckerhöhung und eine höhere Einspritzgeschwindigkeit brachten kein zufriedenstellendes Ergebnis. Durch die Druckerhöhung ist es zwar gelungen, den Schmelzfluss weiter in den Kavitäten voran zu treiben und den Bereich der Aktorummantelung teilweise zu füllen, jedoch wirkte gleichzeitig der maximale (erweiterte) Maschineneinspritzdruck von *2.800 bar* auf den Aktor und beschädigte diesen (Bild 5.34).

Um die generelle Realisierbarkeit des Ceramic Insert Molding Verfahrens zu testen, wurde ein einfaches Polypropylen (PP) als Kunststoff verwendet. Weil dieses Material,

Kapitel 5. Vorserienentwicklung

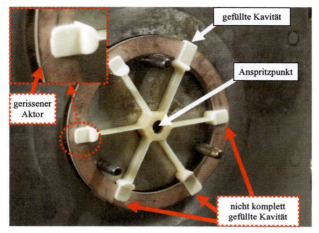

Bild 5.34: Ceramic Insert Molding – Bauteilfüllprobleme und Aktorbeschädigung

im Vergleich zum *Badamid*©, eine geringere Schmelzeviskosität aufweist, ließ sich bei nur *800 bar* Einspritzdruck die Keramik problemlos umspritzen. Leider hat das PP ein viel zu geringes E-Modul, um eine messbare Speichenbiegung und eine daraus resultierende Aktordrehung zu erhalten. Dieser Versuch hatte aber gleichzeitig gezeigt, dass keine zusätzlichen Werkzeugentlüftungen integriert werden mussten und prinzipiell eine komplette Kavitätenfüllung erreichbar ist. Selbst die Bauteilentformung gelang ohne eine Beschädigung an den *0,4 - 0,6 mm* dünnen Speichen.

Eine Verbreiterung der Speichen kam wegen der daraus resultierenden geringeren Aktorwegvergrößerung nicht in Betracht, und es musste ein anderer Lösungsweg gefunden werden. Das eigentliche Problem war das zu schnelle Erstarren des Schmelzflusses beim Einspritzen. Dementsprechend wurde die Werkzeugtemperatur auf *100°C* erhöht mit dem Erfolg, dass der Einspritzdruck bis zum Erstarren der Schmelze auf ca. *2.000 bar* verringert werden konnte. Der Aktor wurde nicht mehr beschädigt, aber immer noch nicht vollständig umspritzt. Als letztes Problem stellte sich die zu niedrige Temperatur der Keramikeinlegeteile heraus. Somit wurden die Piezokeramiken von anfangs Raumtemperatur auf *80°C* vorgewärmt, bevor sie in das Spritzgusswerkzeug eingelegt wurden. Diese letzte Optimierung brachte den ausstehenden Erfolg. Mit dem eingestellten Einspritzdruck von *2.000 bar* erfolgte sogar eine Überspritzung der Kavität (Bild 5.35), und der Druck konnte auf *1.800 bar* reduziert werden, bis keine Bauteilüberspritzungen mehr vorhanden waren. Beim Abkühlen der Kunststoffschmelze schrumpft diese immer um einen geringen Faktor. Dieser Effekt wirkt sich positiv auf das Wegvergrößerungssystem aus, weil eine gewisse Vorspannung auf den Piezokeramikaktor wirkt. Beim Prototypen (Kapitel 4, Bild 4.7) konnte diese benötigte Vorspannung nur durch die Justierschrauben, welche an dem Verbindungselement zwischen den Stahlspeichen und dem Aktor integriert waren, erreicht werden. Eine über alle sechs Stahlspeichen gleichmäßig verteilte Vorspannug war von Hand kaum einstellbar. Dank der symmetrischen Gestaltung der nun verwendeten Kunststoffspeichen und der gleichmäßigen Bauteilfüllung, schrumpften diese konstant nach dem Abkühlen. Auf den Aktor wirkt von allen sechs Polymerspeichen ausgehend eine gleichmäßig verteilte Vorspannkraft. Weiterhin wurde eine durchschnittliche geometrische Toleranz von nur $\pm 10\ \mu m$ bei *1.000* umspritzten Piezoaktorelementen gemessen. Diese erreichte Präzision verringert die im weiteren Verlauf angewendeten Nachbearbeitungskosten signifikant. Im Vergleich zu der im Kapitel 2.3.4 erwähnten spritzgusstechnischen Genauigkeit beim *320 nm* Pitchabstand einer Blue-ray Disk^{TM}-Herstellung erscheint diese erreichte Genauigkeit als sehr unpräzise. Es ist aber der extrem hohe Füllstoffgehalt an Glasfasern zu berücksichtigen, welcher auch keine *100%-ige* homogene Schmelze gewährleisten kann.

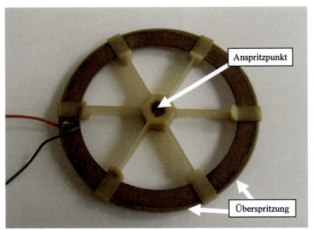

Bild 5.35: Ceramic Insert Molding – komplett umspritzter Piezoringaktor

5.3.6 Polarisieren

Es wurde bereits in Kapitel 2.1 erläutert, dass Piezokeramiken aus stochastisch ausgerichteten Kristalliten (Polykristalle) bestehen. In Summe betrachtet sind diese Keramiken anfangs nach außen hin ladungsneutral und weisen keine Piezoelektrizität auf. Um alle Dipole in eine gewünschte Vorzugsrichtung zu bringen und dadurch die Ladungen einheitlich auszurichten, muss ein starkes elektrisches Feld angelegt werden. Weil die einzelnen Dipole beim Polarisationsvorgang in Feldrichtung ausgerichtet werden, müssen die Atome eine entsprechende Beweglichkeit aufweisen. Diese Beweglichkeit kann man bei einer Temperaturerhöhung der Keramik während des Polarisationsvorganges fördern. Für die verwendete Piezokeramik (PI 255) hat der Hersteller eine Polarisationsfeldstärke von ca. *2,7 kV/mm* empfohlen bei einer Temperatur von ca. *80-100°C*. Es ist aber zu beachten, dass je nach vorhandener Luftfeuchtigkeit die Durchschlagsfestigkeit der Umgebungsluft mit *≤2 kV/mm* angenommen werden kann. Somit würde beim Anlegen der Polarisationsfeldstärke die Luft als elektrischer Leiter dienen, und es kann zu Überschlagsfunken zwischen den Elektrodenschichten der Keramik kommen. Ein Polatisationsvorgang wäre nicht möglich. Abhilfe schafft die Verwendung eines Transformatorenöles, welches die Umgebungsluft ersetzt und eine ausreichend hohe Durchschlagsfestigkeit aufweist. Für die Polarisation der PZT-Ringe wurde das Silikonöl *ELBESIL BTR 50* (Anhang A.1) der Firma *L. Böwing GmbH* mit einer Durchschlagsfestigkeit von ca. *50 kV/mm* gewählt. Dieses Öl befand sich in einer Keramikschale, welche mit einer Hotplate auf *100°C* erwärmt wurde. Diese wiederum war mit einem externen Temperatursensor ausgerüstet, welcher die Öltemperatur erfasste und die Hotplate entspechend regelte.

Für die Erzeugung der hohen Polarisationsspannung wurde eine regelbare Hochspannungsquelle der Firma *FuG Elektronik GmbH* vom Typ „*HCP 140-100 000*" verwendet. Sie kann eine maximale Spannung von *100 kV* bei einem maximalen Strom von *1 mA* bereitstellen. Weil eine Piezokeramik als guter Isolator wirkt, war nicht damit zu rechnen, dass ein großer Strom während des Polarisationsvorganges zwischen den Elektrodenflächen fließen wird. Als maximale Polarisationsfeldstärke wurden *3 kV/mm* festgelegt. Dieser Wert liegt mit *0,3 kV/mm* über den Herstellerangaben, welche nur als Richtwert dienten. Sehr wichtig war, dass die *1,5 mm* dicken Aktorringe mit einer Spannung von *4,5 kV* polarisiert werden und entsprechende Sicherheitsvorkehrungen getroffen werden mussten. Der gesamte Aufbau (Hotplate, Schale mit Trafoöl und umspritzter Piezoringaktor sowie die elektrischen Anschlüsse) wurde von einem Sicherheitskäfig umschlossen, welcher geerdet wurde und als faradayischer Käfig fungierte (Bild 5.36).

Den Angaben des Piezokeramik-Herstellers folgend, wurde ein Drei-Stufen-Polarisationsprofil verwendet, welches aus drei Haltezeiten zu je *20* Sekunden bestand (Grafik 5.4). Diese Erfahrungswerte beruhen auf dem Sachverhalt, dass sich die Dipolmomente beim Polarisieren ausrichten und damit durch atomare Verschiebung eine geringfügige geometrische Änderung des Piezoaktors auftritt. Weil sich in der Praxis nicht alle Dipole auf einmal umordnen, soll auf diese Weise vermieden werden, dass zu hohe Material-spannungen auftreten, welche eine Rissbildung im PZT-Körper hervorrufen könnten. Bei der maximal angelegten Feldstärke von *3 kV/mm*, was einer Polarisationsspannung von *4,5 kV* bei einer Materialdicke von *1,5 mm* entspricht, floss ein maximaler Strom von *0,0120 mA*. Durch die Erwärmung des Trafoöls auf *100°C* änderte sich dessen hochohmiger Widerstand, und die minimalen Kriechströme konnten fließen. Jedoch traten keine Überschläge zwischen den Elektroden auf den PZT-Ringen auf, und das gewählte Öl erfüllte seine Isolatoraufgabe.

Durch die Ausrichtung der Dipolmomente und die bleibende remanete Polarisation verringert der Piezoringaktor geringfügig seinen Durchmesser. Hierdurch erfolgt eine weitere minimale Erhöhung der mechanischen Systemvorspannung zwischen dem Aktor und den Polymerspeichen, welche dem Gesamtfunktionskonzept des hybriden

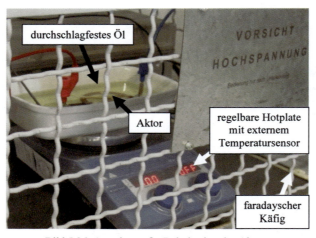

Bild 5.36: Anordnung für Polarisation des Aktors

Wegvergrößerungssystems entgegen kommt. Sobald an den jetzt fertigen Aktor eine Versorgungsspannung angelegt wird, überträgt sich die erzeugte Deformationskraft auf die leicht vorgespannten Polymerspeichen, welche sich jetzt in Abhängigkeit der Aktorkraft verbiegen.

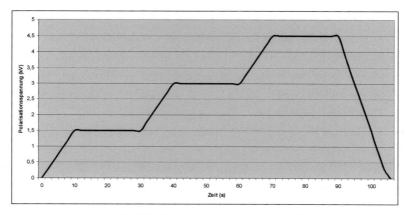

Grafik 5.4: Verwendetes Polarisationsprofil

5.3.7 Drosselgehäusefertigung

Bisher wurde größtenteils auf die Herleitung, Simulation und prozesstechnische Umsetzung des Piezo-Polymer-Wegvergrößerungselementes eingegangen. Um das zu entwickelnde Drosselelement für den Gasfederdämpfer umsetzen zu können, ist aber ein entsprechendes Gehäuse zwingend notwendig. Die Aufgabe des Gehäuses liegt darin, die Anschlüsse für den Gaseinlass und den Gasauslass bereitzustellen. Es muss den Stellaktor aufnehmen und die Drosselspalte, welche durch die Aktorblende geöffnet bzw. geschlossen werden, beinhalten und bautechnisch in den GFD passen. Der Entwurf des Drosselgehäuses erfolgte parallel zum Aktordesign. In Kapitel 5.1 wurde bereits auf einige Eckdaten eingegangen.

Ein erstes Kriterium ist die Materialauswahl. Hierbei ist zu berücksichtigen, dass der Piezoaktor mit einer Steuerspannung von *1.500 kV* betrieben wird und vollflächig auf der Ober- und Unterseite metallisiert ist. Weiterhin beträgt der Abstand zwischen dem Aktor und der Gehäusewand nur *1 mm* (Bild 5.37). Um einen Funkenüberschlag zwischen beiden Aktorflächen und dem Gehäuse zu vermeiden, muss das Gehäuse aus einem elektrisch nichtleitenden Material gefertigt werden. Weiterhin wird dadurch sichergestellt, dass bei einer eventuellen Ablösung eines Ansteuerkabels vom Aktor und Berührung dieses mit der Gehäuseinnenwand, an der Gehäuseaußenseite kein Potential vorhanden ist. Für das Vorserienmodell fiel die Entscheidung auf Polymethylmetacryl (PMMA / umgangssprachlich bekannt als Acrylglas). Dieses bietet neben den elektrischen Isolationseigenschaften gleichzeitig den Vorteil der Transparenz und ermöglicht eine bessere optische Funktionskontrolle im zusammengebauten Zustand.

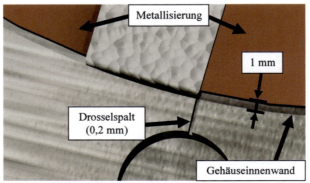

Bild 5.37: CAD-Modell – Abstand zwischen Aktor und Drosselgehäuse

Kapitel 5. Vorserienentwicklung

Weiterhin muss das Gehäuse aus drei Teilen bestehen:
1) dem Gehäuseunterteil, welches den Aktor aufnimmt und die *0,2 mm* breiten Drosselspalte mit dem Luftverteilungskanal beinhaltet
2) dem Gehäuseoberteil, welches eine Innentasche für die Aktorführung enthält
3) dem Gehäusedeckel, welcher die Anschlüsse zu den beiden Gasfederdruckkammern enthält und das System druckdicht verschließt

Diese Komponenten werden miteinander verschraubt und abgedichtet (Bild 5.38). Die Fertigung der Gehäusekomponenten erfolgte spanend mit einer CNC-Fräse. Für die Generierung der CNC-Programme wurden die in *SolidWorks© 2009* entworfenen Bauteile in *SolidCAM© 2009* importiert und die benötigten Maschinenfräsbahnen mit den entsprechenden Parametern festgelegt. Dank der *8 µm* Positioniergenauigkeit der *DMC 635 V*-Fräse konnten die sechs *200 µm* breiten Drosselspalte exakt in das Gehäuseunterteil gefräst werden, an denen die Drosselblenden ausgerichtet werden mussten (Bild 5.39). Alle PMMA-Gehäusekomponenten wurden bereits so ausgelegt, dass sie in einer späteren Serienproduktion im Spritzgussverfahren kosteneffizient gefertigt werden können. Die für die Ansteuerung des Piezoringaktors benötigten Zuleitungen werden durch die Druckanschlüsse aus dem Gehäuse geführt.

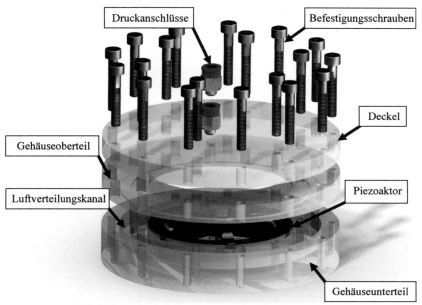

Bild 5.38: CAD-Modell – Zusammenbau des Gesamtsystems

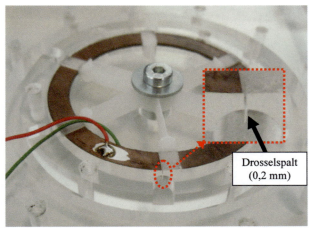

Bild 5.39: Gefrästes PMMA-Drosselgehäuseunterteil mit Drosselschlitzen

6 Systemaufbau

Bevor die ersten Messungen an dem fertigen Drosselelement vorgenommen werden, muss der erreichbare Stellweg des Piezo-Polymer-Aktors bestimmt werden. Hierfür wurde die Struktur, wie in Bild 6.1 dargestellt, in der Mitte eingespannt und die resultierende Drehbewegung am Außendurchmesser gemessen. Mit diesem Vorgehen kann der Stellweg ohne eventuelle Reibungswiderstände im Drosselgehäuse ermittelt und das Funktionsprinzip validiert werden. Für die Ansteuerung des Aktors wurde ein 1-Kanal-Verstärker der Firma *PI* vom Typ *HVPZT AMPLIFIER E-481* mit integriertem *E-516* Controller verwendet. Das rechteckige Aktorsteuersignal mit einer Aplitude von *1 kV* und einer Frequenz von *1 Hz* wurde mit der zum Controller mitgelieferten Software am PC generiert. Die Messung der Drehbewegung erfolgte, wie bereits in Kapitel 4.3 beschrieben, optisch mit einem Mikroskop und einer CCD-Kamera, welche an einen PC mit entsprechender Auswertesoftware angeschlossen war.

Bei einer angelegten Aktorspannung von *1 kV* konnte eine resultierende Drehbewegung von *182 μm* gemessen werden. Dieser Wert spiegelt den in Kapitel 5.2.1 per Simulation ermittelten Stellweg von *187 μm* wider und ist ein sehr zufriedenstellendes Ergebnis. Gleichzeitig ist sehr gut erkennbar, dass die zuvor theoretisch betrachteten Funktionsmechanismen und Simulationen die Realität sehr gut reflektieren.

Bild 6.1: Aktorlagerung für Messung des erreichbaren Stellweges

Kapitel 6. Systemaufbau

Nachdem das grundlegende Aktorwirkprinzip erfolgreich nachgewiesen wurde, konnten die eigentlichen Messungen am aufgebauten Drosselelement erfolgen. Um eine genaue Passung zwischen den Drosselblenden und dem Drosselgehäuse sowie einen exakten Rundlauf des umspritzten Aktors im eingebauten Zustand zu gewährleisten, wurden beide Bauteile am Institut für Fertigungstechnik und Qualitätssicherung (IFQ) der Otto-von-Guericke-Universität feinbearbeitet. In einer späteren Serienproduktion kann auf diesen Nachbearbeitungsschritt verzichtet werden, wenn die verwendeten Spritzgusswerkzeuge entsprechend optimiert werden. Weiterhin wurde die Drosselgehäuseaußenkontur nicht rund gefertigt, wie es zuvor beschrieben wurde. Dieses hat aber keine Auswirkungen auf den Versuchsaufbau und diente lediglich einer besseren Einspannung in die CNC-Fräse für die Feinbearbeitungen. Zum passgenauen Einbau in den GFD müsste lediglich die Außenseite auf einer Drehbank nachbearbeitet werden. Im Anschluss hieran wurde der Aktor in das Gehäuse eingebaut und das Gesamtsystem druckdicht verschlossen. Die Druckbeaufschlagung, welche die zwei unterschiedlichen Druckkammern im Gasfederdämpfer darstellt, erfolgte über zwei im Gehäusedeckel integrierte Schlauchanschlüsse. Über den Anschlussschlauch zur Druckkammer 2 wurden weiterhin die Aktorsteuerleitungen aus dem Gehäuse geführt (Bild 6.2).

Als erstes wurde eine Dichtheitsprobe des Gesamtsystems durchgeführt. Hierfür wurde der Anschluss zur Druckkammer 2 verschlossen und am Anschluss der Druckkammer 1 ein Überdruck von *5 bar* angelegt. Nachdem sich der Gesamtdruck

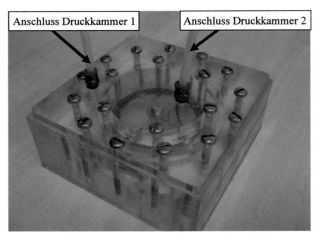

Bild 6.2: Gesamtaufbau Drosselgehäuse mit integriertem Aktor

Kapitel 6. Systemaufbau

im System aufgebaut hatte, wurde das an der Zuleitung vorhandene Druckluftventil geschlossen und an dem, ebenfalls an der Zuleitung befindlichen, Manometer der Druckverlauf im Gehäuse beobachtet. Innerhalb von 10 Minuten war kein Druckabfall im verschlossenen Drosselgehäuse festzustellen und das System konnte als gasdicht betrachtet werden.

Im Anschluss an diese erste, grundlegende Messung wurde die Leckage bei geschlossener Drossel ermittelt. Hierfür wurde am Anschluss 1 abermals ein Überdruck von *5 bar* angelegt. Die Aktorspannung betrug *0 V* und die Drosselblenden verdeckten die vorhandenen Drosselschlitze. Am Anschluss zur Druckkammer 2, an dem der Umgebungsluftdruck anlag, erfolgte die Durchflussmessung des Leckagestromes. Zum Zeitpunkt der Messung betrug die Raumtemperatur *21°C*. Es wurde ein Leckage-Volumenstrom von $\dot{V}_{Leckage} = 15 \frac{l}{min}$ gemessen. Gemäß der in Kapitel 5.2.2 beschriebenen Gleichung (5.6) ergibt sich mit den gegebenen Parametern

$$m = 28{,}97 \cdot 10^{-3} \frac{kg}{mol} \qquad n=1 \qquad R = 8{,}314472 \frac{J}{mol \cdot K}$$

$$\Delta P = 5 \cdot 10^5 \, Pa \qquad \dot{V}_{Leckage} = 15 \frac{l}{min} = 25 \cdot 10^{-5} \frac{m^3}{s} \qquad T = 294{,}15 \, K \, (21°C)$$

ein Leckagemassenstrom von: $\dot{m}_{Leckage} = \frac{mP}{nRT} \cdot \dot{V}_{Leckage}$

$$\dot{m}_{Leckage} = 1{,}481 \cdot 10^{-3} \frac{kg}{s}$$

Die letzten Messungen wurden bei komplett geöffneter Drossel durchgeführt. Es ist aber zu beachten, dass auf Grund des maximalen Aktorstellweges von *182 μm* bei *1 kV* Aktorspannung nur eine maximale Drosselquerschnittsfläche von *1,638 mm²* (*6 * 0,182 mm * 1,5 mm*) geöffnet werden kann. Unter den sonst gleichen Bedingungen wie bei der Leckagevolumenstrommessung ergab sich ein maximaler Volumenstrom von

$$\dot{V}_{offen} = 239 \frac{l}{min} = 398{,}3 \cdot 10^{-5} \frac{m^3}{s},$$

welcher folgendem Massestrom entspricht:

$$\dot{m}_{offen} = 23{,}590 \cdot 10^{-3} \frac{kg}{s}.$$

Somit ergibt sich ein Verhältnis zwischen geöffneter und geschlossener Drossel von ungefähr *16:1*. Trotz mehrfacher Nachbearbeitungen an den Drosselflächen ist es nicht gelungen, den Leckagestrom weiter zu minimieren und das geforderte Verhältnis von mindestens *20:1* zu erreichen. Alleiniger Grund hierfür ist der *50 Vol.-%-ige* Anteil an Glasfasern im verwendeten Polymer.

7 Zusammenfassung

In der Projektlaufphase war die Zielstellung, ein piezoelektrisch gesteuertes Drosselelement für einen Gasfederdämpfer zu entwickeln. Mit Hilfe dieses Elementes sollte eine aktive Durchflussregelung im GFD erreicht werden. Eine sehr große Herausforderung war die Erreichbarkeit der regelbaren Drosselquerschnittsfläche von *25 mm²*. Basierend auf einer Analyse exisitierender Wirkprinzipien und Kombinationsmöglichkeiten von Piezokeramikaktoren stellte sich heraus, dass diese für eine Anwendung unmittelbar im GFD nicht geeignet waren (Kapitel 3).

Auf Grund der geringen Bauraumabmaße und des erforderlichen großen Stellweges musste ein komplett neues Wegvergrößerungskonzept entwickelt werden. Hierbei erwies sich ein hybrides System, bestehend aus einem Piezokeramikring und einer speziellen Speichenstruktur als zielführend. Nachdem die dazugehörigen FEM-Simulationen erfolgreich durchgeführt worden waren, wurde ein erster Prototyp in Feinwerktechnik aufgebaut und erprobt. Es stellte sich heraus, dass sich mit diesem robusten Konzept auf kleinstem Bauraum ein für ein piezoelektrisch betriebenes System enormer Stellweg von *342 µm* erreichen ließ (Kapitel 4). Dieser Stellweg reichte aber bei weitem nicht aus, um die geforderte Drosselquerschnittsfläche von *25 mm²* zu öffnen und zu schließen. Somit kam die Idee auf, mehrere kleinere Drosselschlitze radial um den Aktor zu platzieren, welche in Summe einen großen Durchfluss steuern können.

Neben der Konzeptfindung stand die seriennahe Produktentwicklung mit im Vordergund. Dieses bedeutete, dass eine zuverlässige, reproduzierbare und relativ kostengünstige Prozesskette gefunden und das Funktionskonzept hierauf angepasst werden musste. Die Lösungs- und Optimierungsansätze wurden mit Hilfe von FEM-Simulationen analysiert, angepasst und anschließend umgesetzt. Der piezokeramische Ringaktor sollte in großen Stückzahlen gefertigt werden können unter Vermeidung von kostenintensiven Nachbearbeitungsschritten. Auf Grund der vielseitigen geometrischen Freiheitsgrade im Formgebungsprozess fiel die Wahl auf das Ceramic Injection Molding. Hierfür wurde das piezokeramische Ausgangspulver mit einem passenden Bindersystem gemischt und in einer Standardspritzgussmaschine verarbeitet. In langwierigen Versuchsreihen wurden die passenden Entbinderungs- und Sinterungsprofile ermittelt. Diese Profile wurden anschließend so weit optimiert, dass der Entbinderungszyklus von ca. *8,5* Tagen auf *3* Tage und der Sinterzyklus von anfänglich *7 ¼* Tagen auf *1,5* Tage verkürzt werden konnten. Für das Auftragen der benötigten Elektrodenschichten wurden

Kapitel 7. Zusammenfassung

etablierte Technologien untersucht und erfolgreich angewendet. Seitens des benötigten Polarisationsvorganges konnte auf die Erfahrungswerte der Firma *PI Ceramics* zurückgegriffen werden. Während der Entwicklung der kompletten Formgebungskette bis hin zum fertig polarisierten Piezoaktor wurden die Möglichkeiten der CIM-Technologie auf die Piezoaktorgestaltung mit untersucht. Weiterführend wurde eine Alternative gefunden, um die aufwändige Speichenstruktur im Inneren des Ringaktors großserientauglich zu fertigen. Hierbei wurde weltweit erstmalig eine Keramik als Einlegeteil in einem Spritzgusswerkzeug mit einem Polymer umspritzt, und es entstand das Ceramic-Insert-Molding-Verfahren. Lediglich das Drosselgehäuse wurde in diesen Untersuchungen als Frästeil gefertigt, wobei dieses in Zukunft ebenfalls kostengünstig als Spritzgussteil ausgelegt werden kann. (Kapitel 5)

Nachdem das Drosselelement für den GFD aufgebaut worden war, erfolgten die Durchflussmessungen. Es wurden nur sechs kleine Drosselblenden an dem Ringaktor integriert, obwohl bereits bekannt war, dass bei einer kompletten Funktionstüchtigkeit des Gesamtsystems der geforderte Drosselquerschnitt nicht erreicht werden konnte. Mit dem maximalen Aktorstellweg von *182 µm* und sechs Drosselschlitzen mit einer Länge von *1,5 mm* ließ sich ein Drosselquerschnitt von nur *1,638 mm^2* regeln. Im Vordergund standen aber der Funktionsnachweis des grundlegenden Wirkprinzips des Wegvergrößerungssystems und der Nachweis, dass die komplett entwickelte Prozesskette zielführend ist. Um einen größeren Drosselquerschnitt steuern zu können, müssten lediglich mehr Drosselblenden mit den dazugehörigen Drosselschlitzen im Drosselgehäuse in das Spritzgusswerkzeug integriert werden. Das erreichte Leckageverhältnis von *16:1*, also das Durchflussverhältnis zwischen offener und geschlossener Drossel, konnte auf Grund der rauen Oberflächenbeschaffenheit der glasfaserverstärkten Polymerdrosselblenden nicht in dem vorgegebenen Bereich *>20:1* umgesetzt werden. Bei der Verwendung eines anderen Polymers, welches einen geringeren Anteil an Glasfasern und damit verbunden eine glattere Oberfläche aufweist, wäre eine Verbesserung des Leckageverhältnisses möglich. Dieses hätte aber zur Folge, dass auf Grund des geringeren E-Moduls ein signifikant geringerer Stellweg erreichbar wäre.

Prinzipiell wurde durch die vorliegende Arbeit ein komplett neues Aktorwirkprinzip vorgestellt, welches durch mehrjährige Prozessentwicklungen und -optimierungen für eine grundlegende Serienproduktion ausgelegt wurde. Die geometrischen Vorgaben für die Integration in einen GFD wurden eingehalten und das Stellglied mit den maximal

Kapitel 7. Zusammenfassung

nutzbaren Abmaßen dimensioniert. Als Anregung für weitere Forschungsarbeiten auf diesem Gebiet wird im nachfolgenden Kapitel 8 auf Optimierungsmöglichkeiten eingegangen.

Kapitel 7. Zusammenfassung

8 Ausblicke / Optimierungsansätze

Im Rahmen weiterführender Forschungsarbeiten auf Basis des in dieser Arbeit vorgestellten Drosselelementes existiert ein Potential an Optimierungsmöglichkeiten für die Regelung eines maximierten Drosselquerschnittes und zusätzlicher Minimierung der aktuell vorhandenen Leckage.

Zunächst wird auf mehrere Konzepte eingegangen, welche den Wirkungsgrad des Wegvergrößerungssystems verbessern. Um die Aktordrehbewegung vergrößern zu können, wird aus Kapitel 4 die Gleichung (4.3) der Speichenbiegelinie herangezogen:

$$f(F_z) = w(x=0, F_z) = \frac{F_z l^3}{3EI_y}$$

Mit der Zielsetzung $w(x=0) \to$ max. folgt eine maximale Drehbewegung des Drosselstellgliedes. Die Tendenzen der beeinflussbaren Variablen, welche die Gleichung (4.3) zu einem Optimum führen, sind als kurze Übersicht in Tabelle 8.1 dargestellt.

angreifender Kraftvektor:	:	$F_z \uparrow$
Speichenlänge	:	$l \uparrow$
E-Modul des Speichenmaterials	:	$E \downarrow$
Flächenträgheitsmoment der Speichen	:	$I_y \downarrow$

Tabelle 8.1: Erste Erkenntnisse für eine Maximierung der Speichenbiegelinie

Mit einer Vergrößerung des angreifenden Kraftvektors F_z wird die Speichenbiegung ebenfalls vergrößert. Hierbei ist aber zu beachten, dass die Speichen einen Versatz (a) zum Aktormittelpunkt haben. Ohne diesen Versatz würde die, für erste Überlegungen als konstant anzusehende, Aktorkraft (F) direkt auf die Speichen in Längsrichtung angreifen (F_x) und nur eine Stauchung hervorrufen (Bild 8.1). Denkbar ist eine Änderung des Speichenversatzes, um dadurch den Anteil des Kraftvektors F_z zu vergrößern. Es ist aber zu berücksichtigen, dass auf Grund des Innendurchmessers des Aktors die Sehnenlänge c konstant ist und damit für den Speichenversatz und der direkt damit zusammenhängenden Speichenlänge immer gilt: $\qquad a^2 + l^2 = c^2 =$ konstant

Kapitel 8. Ausblicke / Optimierungsansätze

Weiterhin ist zu erkennen, dass die effektive Speichenlänge (*l*) wiederum so groß wie möglich ausgelegt werden sollte, weil sie mit der dritten Potenz großen Einfluss auf die Biegelinie hat.

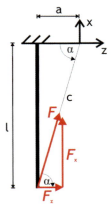

Bild 8.1: Kraftvektoren im Wegvergrößerungssystem

Auf den ersten Blick ist anhand der Biegelinie weiterhin erkennbar, dass durch eine Verringerung des E-Moduls der Speichen eine größere Auslenkung möglich wäre. Betrachtet man weiterführend die Gleichung (4.6):

$$_\Delta l(F_x) = \frac{l_0 \cdot F_x}{E \cdot b \cdot h},$$

welche die Speichenstauchung eines quadratischen Speichenquerschnittes beschreibt, so geht hervor, dass ein verringertes E-Modul eine größere Speichenstauchung verursacht. Mit dem Zusammenhang:

$$l(_\Delta l) = l_0 -_\Delta l$$

folgt für die Gleichung (4.3):

$$f(F_z,_\Delta l) = w(x = 0, F_z,_\Delta l) = \frac{F_z (l_0 -_\Delta l)^3}{3EI_y}$$

$$f(F_z,_\Delta l) = w(x = 0, F_z,_\Delta l) = \frac{F_z (l_0 - \frac{l_0 \cdot F_x}{E \cdot b \cdot h})^3}{3EI_y}$$

Hieraus ist sehr gut erkennbar, dass je größer das E-Modul wird, desto größer wird die erreichbare maximale Speichenbiegung und damit verbunden der erreichbare Aktorstellweg.

Kapitel 8. Ausblicke / Optimierungsansätze

Ein letzter Optimierungsansatz, gemäß der Biegelinie, ist die Verringerung des Flächenträgheitsmomentes (I_y). In Kapitel 5 wurde bereits auf den Sachverhalt eingegangen, dass die spritzgusstechnisch bedingte Querschnittsänderung der Speichen im Vergleich zum Prototypen zu einem ca. *1,5-fach* größeren Flächenträgheitsmoment geführt hat. Leider müssen beim Spritzguss immer entsprechende Entformungsschrägen vorgesehen werden. Dieser Faktor kann kaum optimiert werden. Abhilfe würde das Insert-Molding-Verfahren schaffen, bei dem ein Einlegeteil, welches als Speichen dienen soll, umspritzt wird. Für die Aussparung des Einlegeteiles würde so gut wie keine Entformungsschräge benötigt werden, wenn in diesem Bereich konstruktionstechnisch bedingt keine erstarrte Polymerschmelze entformt werden muss. Es wurde bereits gezeigt, dass es Stand der Techik ist, metallische Einlegeteile lokal zu umspritzen. Ebenso wurde auch gezeigt, dass keramische Körper als Einlegeteile fungieren können. Wenn man das Konzept des Prototypenwegvergrößerungssystems, welches dünne Federstahlspeichen hat, mit dem neu entwickelten Ceramic-Insert-Molding-Verfahren kombinieren kann, dann sollte eine gewaltige Vergrößerung des Aktorstellweges erzielbar sein. Auf diese Weise würde das Flächenträgheitsmoment der Speichen verringert werden und es könnte gleichzeitig ein Stahl verwendet werden, der ein größeres E-Modul als das glasfaserverstärkte Polymer hat. (Bild 8.2)

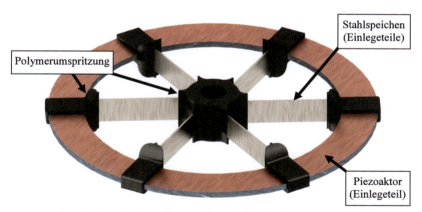

Bild 8.2: CAD-Entwurf – umspritzte Stahlspeichen und Piezoaktor

Kapitel 8. Ausblicke / Optimierungsansätze

Zusammenfassend geht seitens der Maximierung der Speichenbiegung hervor, dass für zukünftige Arbeiten folgende Parameter weitergehend optimiert werden können:

angreifender Kraftvektor:	:	$F_z \uparrow$
Speichenlänge	:	$l \uparrow$
E-Modul des Speichenmaterials	:	$E \uparrow$
Flächenträgheitsmoment der Speichen	:	$I_y \downarrow$

Tabelle 8.2: Parameter für die Maximierung der Speichenbiegelinie

Durch den Lösungsansatz mit den zusätzlichen Stahleinlegeteilen muss ein abgewandeltes Spritzgusswerkzeug gebaut werden. In Bild 8.2 ist bereits zu erkennen gewesen, dass sieben einzelne Kavitäten für das Polymer benötigt werden. Zum einen handelt es sich dabei um das Innenlager, in dem alle sechs Speichen zusammentreffen. Zum anderen sind es die sechs Umspritzungen zwischen dem Aktorring und den Stahlspeichen. Diese sieben Kavitäten sind nicht miteinander verbunden und müssen jeweils über einen eigenen Anspritzpunkt gefüllt werden. Als Lösungsansatz kann entweder ein Drei-Platten-Werkzeug gefertigt werden oder es wird mit einer Heißkanallösung gearbeitet. Obwohl die entsprechende Spritzgusswerkzeuggestaltung etwas komplexer ausfallen wird, ergeben sich dadurch weitere Vorteile für eine Optimierung des Drosselspalt-Blenden-Konzeptes. Die Angussverteilung würde in dieser Variante nicht mehr in der Trennebene erfolgen. Demnach muss der Schmelzfluss auch nicht mehr vom Innenlager aus durch die dünnen Speichenkavitäten gedrückt werden, bevor er die großvolumigen Aktorumspritzungskavitäten füllt. Dieses stellte bisher immer einen Flaschenhals dar. Somit wäre es mit diesem neuen Werkzeugansatz auch relativ einfach, mehrere Drosselblendenelemente auf dem Piezoring zu umspritzen, welche auch größer dimensioniert sein können. Mit der Erhöhung der Anzahl an Drosselblenden wird gleichzeitig der regelbare Drosselquerschnitt erhöht. Außerdem ist es somit realisierbar, höhere Drosselblenden zu fertigen, welche abermals den Querschnitt vergrößern (Bild 8.3). Als Kunststoff muss weiterhin bei dieser Variante kein glasfaserverstärktes Polymer mehr zum Einsatz kommen. Dieses führt zu einer glatteren Oberflächenbeschaffenheit der Drosselblenden, welche das vorhandene Leckageproblem signifikant minimieren wird.

Kapitel 8. Ausblicke / Optimierungsansätze

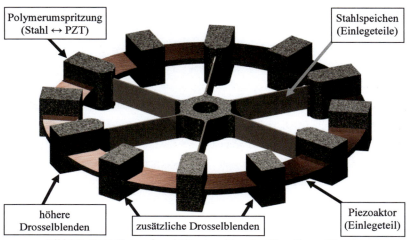

Bild 8.3: CAD-Entwurf – erhöhte Anzahl und größere Drosselblenden

Seitens des Piezoaktors besteht ebenfalls ein gewisses Optimierungspotential. In Kapitel 3.2.4 wurde in der Gleichung 3.2 die zu erwartende Aktorkontraktion berechnet nach:

$$_\Delta r = \frac{2 \cdot d_{31} \cdot (d_a - d_i)}{thk} \cdot U$$

An Stelle der verwendeten *PI 255* Piezokeramik kann ein anderes piezokeramisches Material gewählt werden, welches einen höheren d_{31}-Koeffizienten aufweist. Hierbei muss aber unbedingt auf die maximale Einsatztemperatur des Materials geachtet werden. Ein Betrieb nahe der Curie-Temperatur und eine damit verbundene Depolarisation darf nicht stattfinden. Je nach der maximal zur Verfügung stehenden Aktoransteuerspannung (*U*) kann die Aktordicke variiert werden (*thk*). Das Verhältnis *U/thk* kann aber nicht beliebig groß gewählt werden. Als Richtwert ist, materialabhängig, eine Feldstärke im Bereich von *1-1,5 kV/mm* typisch. Weiterhin ist zu erkennen, dass die Differenz zwischen dem Außendurchmesser (d_a) und dem Innendurchmesser (d_i) des Aktors einen Einfluss auf die Aktorkontraktion hat.

Kapitel 8. Ausblicke / Optimierungsansätze

Der Schwerpunkt lag in den bisherigen Betrachtungen in der Realisierung einer Volumenstromregelung, der Maximierung des Aktorstellweges und einer ökonomischen Fertigungsprozesskette. Alle Simulationen, konstruktionstechnischen Auslegungen und Optimierungsansätze beziehen sich auf den Fall einer statischen Auslenkung. PZT wurde als Aktormaterial verwendet, weil es eine sehr schnelle Konversionszeit von 10^{-7} s hat. Die Konversionszeit gibt an, wie schnell auf eine Anregung eine Systemantwort erfolgt. In diesem Fall ist die Systemantwort die Kontraktion des Piezoringes infolge der angelegten elektrischen Steuerspannung. Bei einem elektro-magnetischen Effekt beträgt vergleichsweise die Zeit vom Anlegen des elektrischen Feldes bis zur kompletten Ausbildung des hervorgerufenen magnetischen Feldes 10^{-5} s. Mit der Konversionszeit wird aber nur die Zeit des physikalischen Ursache-Wirkungs-Prinzips beschrieben. Im geplanten Einsatzbereich des entwickelten Drosselelementes sind aber auch die Stellzeiten des Gesamtsystems von großer Bedeutung. Bei einem schnellen Fahrbahnbelagwechsel sollte der GFD soweit optimiert werden, dass die entstehenden Amplituden nicht bzw. stark gedämpft auf die Fahrzeugkarosse übertragen werden. Die Ansprechzeit des Drosselelementes (Grafik 8.1) ist direkt abhängig von der mechanischen Resonanzfrequenz (f_r) des Wegvergrößerungssystems (Piezoaktor + Speichenstruktur + Drosselblenden) und lässt sich berechnen nach [60]:

$$t_{A\_System} = \frac{1}{3 \cdot f_r} \qquad (8.1)$$

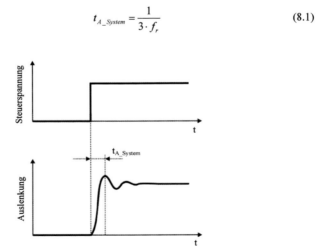

Grafik 8.1: Zusammenhang Ansteuerung, Auslenkung und Ansprechzeit

Kapitel 8. Ausblicke / Optimierungsansätze

Dieser Zusammenhang sollte bei der Integration weiterer umspritzter Drosselblenden berücksichtigt werden, weil diese zu einer Verringerung der mechanischen Resonanzfrequenz führen. Somit würde ein größerer regelbarer Drosselquerschnitt geschaffen, jedoch sinkt gleichzeitig die Ansprechzeit des Gesamtsystems.

Für einen kommerziellen Einsatz dieses Systems muss weiterhin die mechanische Zuverlässigkeit geprüft werden. Dabei muss sichergestellt werden, dass bei plötzlich auftretenden Stößen und Erschütterungen an dem GFD keine ungewollte Drosselverstellung erfolgt. Sollte hierfür keine konstruktive Lösung gefunden werden können, so ist zu untersuchen, in wie weit eine regelungstechnische Störgrößenkompensation erfolgen kann. Außerdem muss eine mechanische Beschädigung der Piezokeramik durch einwirkende Erschütterungen in jedem Fall verhindert werden. Hierfür gilt es herauszufinden, wie eine gedämpfte Lagerung des Aktors oder des gesamten Drosselelementes im GFD realisierbar ist.

Weil das Drosselelement im realen Einsatz unterschiedlichen Umgebungstemperaturen ausgesetzt sein wird, ist es empfehlenswert, die Temperaturdrift des Aktors zu untersuchen. Es gilt herauszufinden, in wie weit die Temperaturschwankungen den Aktorstellweg und die Dichtheit der Drossel beeinflussen und wie dem aktiv entgegengewirkt werden kann.

Kapitel 8. Ausblicke / Optimierungsansätze

Literaturverzeichnis

[1] Ruschmeyer, K.
„Piezokeramik – Grundlagen, Werkstoffe, Applikationen"
Renningen-Malmsheim: Expert Verlag, 1995

[2] Krettek, O.
„Federungs- und Dämpfungssysteme"
Braunschweig: Vieweg Verlag 1992

[3] U.S. Patent Document: US005180145A
Bridgestone Corporation, 30.05.1991

[4] Deutsches Patent- und Markenatamt, Offenlegungsschrift: DE DE102004060002A1
Continental Aktiengesellschaft, 22.06.2006

[5] Al-Wahab, M. A.
Dissertation „Neue Aktorsysteme auf Basis strukturierter Piezokeramik"
Otto-von-Guericke-Universität, Magdeburg, 2004

[6] Hartmann, M.; Baerecke, F.; Kasper, R.; Schmidt, B.
„A high flow piezoelectric ceramic choke for an adaptive vehicle gas spring damper, manufactured by ceramic injection and ceramic insert molding"
IMAPS/ACerS: 5th CICMT, Denver, Colorado, USA, 2009

[7] „Der Piezoeffekt bei Kristallen"
www.piezoeffekt.de (Februar 2011)

[8] Verband der Keramischen Industrie e.V
„Brevier – Technische Keramik"
Lauf: Fahner Verlag, 2003

Literaturverzeichnis

[9] Carazo, A., V.
Dissertation „Novel piezoelectric transducers for high voltage measurements"
Spain, Barcelona: University Politècnica de Catalunya, 2000

[10] Koch, J.
„PIEZOXIDE (PXE) – Eigenschaften und Anwendungen"
Heidelberg: Dr. Alfred Hüthig Verlag, 1988

[11] Haußelt, J., Prof. Dr.
Vorlesungsskript „Keramische Werkstoffe" Wintersemester 2010/2011
Institut für Mikrosystemtechnik, UNI Freiburg, 2010
http://www.imtek.de/wpt/content/upload/vorlesung/2010/R/handzettel/WS1011_KMP_06_Piezokeramik.pdf (Januar 2011)

[12] Melz, Tobias
Dissertation „Entwicklung und Qualifikation modularer Satellitensysteme zur adaptiven Vibrationskompensation an mechanischen Kryokühlern"
TU Darmstadt, 2002

[13] Ermert, H.
Vorlesungsskript „Ultraschall in der Medizin"
Lehrstuhl für Hochfrequenztechnik, Ruhr-Universität Bochum, 2003

[14] Fa. PI Cermic, Lederhose - Germany
Datenblatt „PL112 · PL140 PICMA® Bender Biegeaktoren" Stand 2011

[15] Deutsches Patent- und Markenamt, Gebrauchsmusterschrift: DE202009000674U1
M. Hartmann, 08.10.2009

[16] Deutsches Patent- und Markenamt, Offenlegungsschrift: DE102009005417A1
M. Hartmann, 22.07.2010

[17] Buch, S.
Diplomarbeit „Optimierung von piezokeramischen Ultraschallwandlern für die Ultraschallcomputertomographie"
Universität Karlsruhe, 2008

[18] Haug, J.
Dissertation „Optimierung eines piezoelektrisch erregten linearen Wanderwellenmotors"
Universität Stuttgart, 2006

[19] Günther, D.
Dissertation „Bimorph-Piezoaktoren mit strukturierten Elektroden für die Mikrofluidik"
Technische Universität München, 2008

[20] Rogge, T.; Rummler, Z.; Schomburg, W. K.
Dissertation „Entwicklung eines piezogetriebenen Mikroventils – von der Idee bis zur Vorserienfertigung"
Forschungszentrum Karlsruhe, 2001

[21] Yong Huang, Ligo Ma, Qiang Tang, Jinlong Yang, Zhipeng Xie, Xingli Xu;
"Surface oxidation to improve water-base gelcasting of silicon nitride"
Journal of Material Sience, Vol. 35, 2000 , pp. 3519-3524

[22] Guo, D.; Cai, K.; Li, L.;
"Application of gelcasting to the fabrication of piezoelectric ceramic parts"
Journal of the European Ceramic Society, Vol. 23, 2003, pp. 1131-1137

[23] Chan, C.M.; Cao, G.Z.; Stoebe, T.G.
„Net shape ceramic microcomponents by modified sol-gel casting"
Microsystem Technologies, Vol. 6 No.5, 2000, pp. 200-204

[24] Janney, M. ; Omatete, O. ; Walls, C.; Nunn, S. ; Ogle, R. and Westmoreland, G.
„Development of Low-Toxicity Gelcasting Systems"
Journal of the American Ceramic Society, Vol. 81, Issue 3, 1998, pp. 581-591

[25] Hartmann, M.; Schimpf, S.; Lemke, T.; Hirsch, S.; Schmidt, B.
„Research into ceramic injection molding of PZT for new 3D shapes on prototyping and mass production in Microsystems"
IMAPS/ACerS: 3rd CICMT, Denver, Colorado, USA, 2007

[26] White Paper
"Blu-ray Disc^{TM} Format – 1.C Physical Format Specifications for BD-ROM"
www.blue-raydisc.com, 6th Edition, 2010

[27] Gauckler, L., J., Prof. Dr.
"Ingenieurkeramik 2 – Herstellung von Keramik" Vorlesungsskript WS 2000/2001
ETH-Zürich, 2000
http://e-collection.library.ethz.ch/eserv/eth:24513/eth-24513-02.pdf (September 2010)

[28] Bartsch, C.
„Piezo-Dieseldirekteinspritzung"
München: SV Corporate Media, 2006

[29] Puff, Matthias
Dissertation „Entwicklung von Regelstrategien für Luftfederdämpfer zur Optimierung der Fahrdynamik unter Beachtung von Sicherheit und Komfort"
TU Darmstadt, 2011

[30] Müller, P.; Reichl, H.; Heyl, G.; Wanitschke, R.; Henning, G.; Krauß, H.
„The new Air Damping System in the BMW HP2 Enduro",
ATZ worldwide Edition No.: 2005-10, 2005

[31] "ZF Independent Front Suspension for Heavy-duty Trucks"
http://www.zf.com (Juni 2011)

[32] Streiter, R., H.
Dissertation „Entwicklung und Realisierung eines analytischen Regelkonzeptes für eine aktive Federung"
Technisch Universität Berlin, 1996

Literaturverzeichnis

[33] Bußhardt, J.
„Selbsteinstellende Feder-Dämpfer-Systeme für Kraftfahrzeuge"
Düsseldorf: VDI-Verlag, 1995

[34] Venhovens, P., J., T.; Vlugt, A., R.
„Semi-active suspension for an automotive application"
Niederlande, Delft: Technische Universität Delft, 1991

[35] Datenblatt „Magnetventile MHJ, Schnellschaltventile"
Festo AG & Co. KG, Stand April 2011
www.festo.de

[36] Datenblatt „Magnetventile MH2/MH3/MH4, Schnellschaltventile"
Festo AG & Co. KG, Stand Juli 2011
www.festo.de

[37] Worldwide Patent Pub. No.: WO/2011/085764
Bosch Rexroth AG, Germany, 21.07.2011

[38] Foag, W.
„Regelungstechnische Konzeption einer aktiven PKW-Federung mit preview"
Düsseldorf: VDI-Verlag, 1990

[39] Kasper, R.; Baerecke, F.; Wahab, A.; Hartmann, M.
„High flow piezo ceramic valve for an adaptive vehicle gas spring damper"
Actuator 08, Bremen: 2008, pp. 927-930

[40] "Piezoelectric Ceramics – Electro Ceramic Solutions"
http://www.morganelectroceramics.com/materials/piezoelectric/ (April 2011)

[41] Beitz, W. (Hrsg.) ; Grote, K.-H. (Hrsg.)
„Dubbel : Taschenbuch für den Maschinenbau"
22. Auflage, Berlin: Springer, 2007

Literaturverzeichnis

[42] Müller, G.; Groth, C.
„FEM für Praktiker – Band 1: Grundlagen"
8. Auflage, Renningen-Malmsheim: Expert Verlag, 2007

[43] ANSYS-Inc.,
„Release 12.0 documentation for Ansys"
Canonsburg, PA, USA: ANSYS-Inc., 2009

[44] Pahl, G.; Beitz, W.; Feldhusen, J.; Grote, K.-H.
„Konstruktionslehre: Grundlagen erfolgreicher Produktentwicklung"
7. Auflage, Berlin: Springer, 2007

[45] Eyerer, P.; Märtins, R.
„Spritzgießen mit Gasinnendruck", Artikel in Zeitschrift „Kunststoffe"
München: Carl Hansa Verlag, 1993

[46] Löhe, D.
„Microengineering of metals and ceramics: design, tooling and injection molding"
Weinheim: Wiley-VCH Verlag GmbH, 2005

[47] Bayer Material Science
„Functional Films TechCenter – Wie funktioniert FIM Film-Insert-Molding?"
http://pc-films.com/pc-films/emea/de/verarbeitung/fim/Folienhinterspritzen.html
(Februar 2011)

[48] insert molded Automotive Sensor Housing (BMW)
Bildquelle (April 2011):
http://www.flickr.com/photos/milesproducts/4691221713/sizes/o/in/set-72157623904995222/

[49] interplex NAS Electronics GmbH
http://interplexnas.de/deutsch/3/22/kunststofftechnik (April 2011)

[50] Eyerer, P.; Hirth, T.; Elsner, P.
„Polymer Engineering – Technologien und Praxis"
Berlin: Springer, 2008

Literaturverzeichnis

[51] Brinkmann, T.
  „Handbuch Produktionsentwicklung mit Kunststoffen"
  München: Carl Hanser Verlag, 2011

[52] Oertel, H.; Böhle, M.; Dohrmann, U.
  "Strömungsmechanik"
  5. Auflage, Wiesbaden: Vieweg + Teubner Verlag, 2009

[53] Schoemaker, J.
  „Moldflow Design Guide – A Resource for Plastic Engineers"
  München: Carl Hanser Verlag, 2006

[54] Rahaman, M., N.
  "Ceramic Processing and Sintering" Second Edition
  New Yort: Marcel Dekker, Inc, 2003

[55] Saha, S., K.; Agrawal, D., C.
  „Compositional fluctuations and their influence on the properties of lead zirconate titanate ceramics"
  The American Ceramic Society Bulletin , 1992, S. 1424-1428

[56] Brose, A.; Leneke, T.; Hirsch, S.; Schmidt, B.
  „Aerosol Deposition of Catalytic Ink to Fabricate Fine Pitch Metallizations for Moulded Interconnect Devices (MID)"
  Konferenzbeitrag: ESTC 2010, Berlin, 13-16 September 2010

[57] Insitut für Mikro- und Sensorsysteme, Lehrstuhl Mikrosystemtechnik
  Otto-von-Guericke-Universität Magdeburg
  http://www.uni-magdeburg.de/imos/mst/doc/cms/index.php (Mai 2011)

[58] Physikalisches Institut der Justus-Liebig-Universität Giesen
  http://meyweb.physik.uni-giessen.de/1_Forschung/Sputtern/Sputtern.html (Mai 2011)

[59] Institut für Fertigungstechnik und Qualitätssicherung
Otto-von-Guericke-Universität Magdeburg
http://www.ifq.ovgu.de/ifq.html (Mai 2011)

[60] „Piezo-Technik Tutorium: Piezoaktorik zur Präzisionspositionierung"
http://www.piezo.de/pdf/PI_Tutorium_Piezoaktuatoren_in_der_Nanopositionierung_c.pdf
(Mai 2011)

Anhang

A.1 Materialdaten

Piezokeramik: PI 151   **Hersteller: PI Ceramic**

Curie-Temperatur: 250°C					
Größe	Einheit	Wert	Größe	Einheit	Wert
Dichte	Kg/m^3	7,76E+03	N1	Hzm	1384
Q		88	N3	Hzm	1817
			N5	Hzm	1050
eps11T		1936	Np	Hzm	1915
eps33T		2109	Nt	Hzm	2118
eps11S		1110			
eps33S		852	d31	m/V	-2,14E-10
tan δ		15,7	d33	m/V	4,23E-10
			d15	m/V	6,10E-10
k31		0,382			
k33		0,697	g31	Vm/N	-1,15E-02
k15		0,653	g33	Vm/N	2,18E-02
kp		0,663	g15	Vm/N	3,65E-02
kt		0,528			
			e31	N/Vm	-9,6
			e33	N/Vm	15,1
			e15	N/Vm	12,0
s11E	m^2/N	1,683E-11	c11E	N/m^2	1,076E+11
s33E	m^2/N	1,900E-11	c33E	N/m^2	1,004E+11
s55E	m^2/N	5,096E-11	c55E	N/m^2	1,962E+10
s12E	m^2/N	-5,656E-12	c12E	N/m^2	6,312E+10
s13E	m^2/N	-7,107E-12	c13E	N/m^2	6,385E+10
s44E	m^2/N	5,096E-11	c44E	N/m^2	1,962E+10
s66E	m^2/N	4,497E-11	c66E	N/m^2	2,224E+10
s11D	m^2/N	1,436E-11	c11D	N/m^2	1,183E+11
s33D	m^2/N	9,750E-12	c33D	N/m^2	1,392E+11
s55D	m^2/N	2,924E-11	c55D	N/m^2	3,420E+10
s12D	m^2/N	-8,112E-12	c12D	N/m^2	7,376E+10
s13D	m^2/N	-2,252E-12	c13D	N/m^2	4,436E+10
s44D	m^2/N	2,924E-11	c44D	N/m^2	3,420E+10
s66D	m^2/N	4,497E-11	c66D	N/m^2	2,224E+10

Tabelle A.1.1: Materialdaten PI 151

Anhang A.1 - Materialdaten

Piezokeramik: PI 255   **Hersteller: PI Ceramic**

\multicolumn{7}{c}{Curie-Temperatur: 350°C}						
Größe	Einheit	Wert	Größe	Einheit	Wert	
Dichte	Kg/m³	7,76e+03	N1	Hzm	1412	
Q		80	N3	Hzm	1784	
			N5	Hzm	1028	
eps11T		1498	Np	Hzm	1998	
eps33T		1350	Nt	Hzm	2154	
eps11S		873				
eps33S		680	d31	m/V	-1,54E-10	
tan δ		18,5	d33	m/V	3,07E-10	
			d15	m/V	5,39E-10	
k31		0,348				
k33		0,657	g31	Vm/N	-1,29E-02	
k15		0,646	g33	Vm/N	2,57E-02	
kp		0,588	g15	Vm/N	4,06E-02	
kt		0,48				
			e31	N/Vm	-5,6	
			e33	N/Vm	12,8	
			e15	N/Vm	10,3	
s11E	m²/N	1,617E-11	c11E	N/m²	1,108E+11	
s33E	m²/N	1,780E-11	c33E	N/m²	1,108E+11	
s55E	m²/N	5,237E-11	c55E	N/m²	1,909E+10	
s12E	m²/N	-4,842E-12	c12E	N/m²	6,326E+10	
s13E	m²/N	-7,050E-12	c13E	N/m²	6,896E+10	
s44E	m²/N	5,237E-11	c44E	N/m²	1,909E+10	
s66E	m²/N	4,202E-11	c66E	N/m²	2,380E+10	
s11D	m²/N	1,421E-11	c11D	N/m²	1,146E+11	
s33D	m²/N	1,010E-11	c33D	N/m²	1,440E+11	
s55D	m²/N	3,048E-11	c55D	N/m²	3,281E+10	
s12D	m²/N	-6,800E-12	c12D	N/m²	6,701E+10	
s13D	m²/N	-3,100E-12	c13D	N/m²	5,575E+10	
s44D	m²/N	3,048E-11	c44D	N/m²	3,281E+10	
s66D	m²/N	4,202E-11	c66D	N/m²	2,380E+10	

Tabelle A.1.2: Materialdaten PI 255

Anhang A.1 - Materialdaten

Kunststoff: Badamid© T70 GF50   **Hersteller: Bada AG**
(Polyamid 6 mit 50 vol.% Glasfaseranteil)

Größe	Einheit	Wert
Mechanische Eigenschaften		
E-Modul (23°C)	kN/mm²	18
Schubmodul	kN/mm²	30
Querkontraktionszahl	-	0,3
Thermische Eigenschaften		
Schmelztemperatur	°C	295
Maximale Einsatztemperatur (kurzfristig)	°C	270
Maximale Einsatztemperatur (20.000 h)	°C	145
Elektrische Eigenschaften		
Durchschlagsfestigkeit	kV/mm	20
Weitere Daten		
Dichte	g/cm³	1,56

Tabelle A.1.3: Materialdaten Badamid© T70 GF50

Kunststoff: Badalac© ABS 20 GF15   **Hersteller: Bada AG**
(Acrylnitril-Butadien-Styrol, ABS, mit 15 vol.% Glasfaseranteil)

Größe	Einheit	Wert
Mechanische Eigenschaften		
E-Modul (23°C)	kN/mm²	6
Schubmodul	kN/mm²	20
Querkontraktionszahl	-	0,32
Thermische Eigenschaften		
Schmelztemperatur	°C	116
Maximale Einsatztemperatur (kurzfristig)	°C	110
Maximale Einsatztemperatur (20.000 h)	°C	85
Elektrische Eigenschaften		
Durchschlagsfestigkeit	kV/mm	37
Weitere Daten		
Dichte	g/cm³	1,10

Tabelle A.1.4: Materialdaten Badalac© ABS 20 GF15

Trafoöl: ELBESIL BTR 50©   **Hersteller: L. Böwing GmbH**

Größe	Einheit	Wert
Durchschlagsfestigkeit	kV/mm	>50
spez. Durchgangswiderstand (23°C und 50 Hz)	Ω	$8*10^{14}$
spez. Durchgangswiderstand (90°C und 50 Hz)	Ω	$5*10^{13}$
Flammpunkt	°C	>300
Brennpunkt	°C	ca. 350
Dichte (bei 25°C)	g/cm³	0,96

Tabelle A.1.5: Materialdaten ELBESIL BTR 50© Trafoöl

A.2 Dreidimensionale monolithische Piezoaktoren

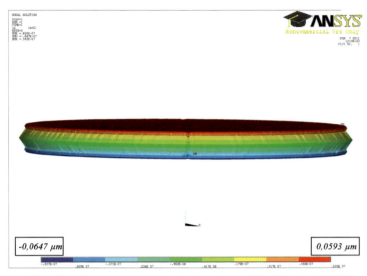

Bild A.2.1: Simulation – max. Auslenkung 1 mm PZT-Scheibe bei 1 kV

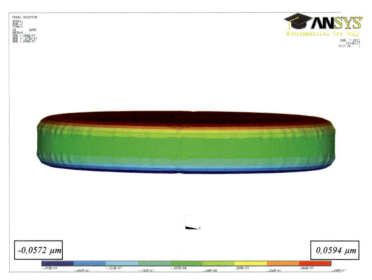

Bild A.2.2: Simulation – max. Auslenkung 4 mm PZT-Scheibe bei 1 kV

Anhang A.2 - Dreidimensionale monolithische Piezoaktoren

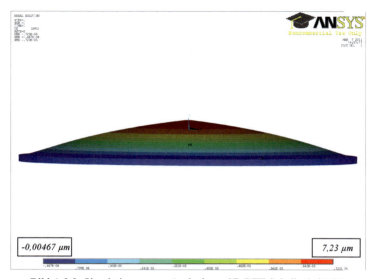

Bild A.2.3: Simulation – max. Auslenkung 3D-PZT-Scheibe bei 1 kV

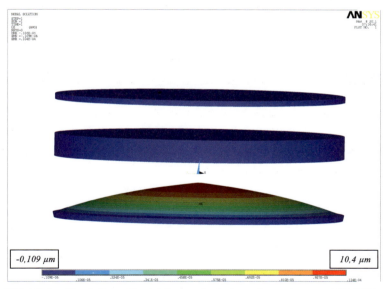

Bild A.2.4: Simulation – Vergleich max. Auslenkung 1 mm, 4 mm und 3D-PZT-Scheibe bei 1 kV

Anhang A.2 - Dreidimensionale monolithische Piezoaktoren

Aktorbauform			
Durchmesser	*50 mm*	*50 mm*	*50 mm*
Dicke	*1 mm*	*4 mm*	*1..4 mm*
Spannung	*1.000 V*	*1.000 V*	*1.000 V*
Auslenkung z-Richtung	*0,0593 µm*	*0,0594 µm*	*7,23 µm*

Tabelle A.2.1: Vergleich Simulationsergebnisse monolithische PZT-Aktoren

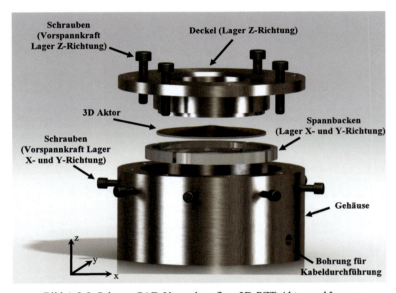

Bild A.2.5: Schema CAD-Versuchsaufbau 3D-PZT-Aktor und Lager

Die Messung der realen Auslenkung erfolgte optisch mit einem Vibrometer der Firma *Polytec GmbH*. Das vorhandene Messsystem war ausgelegt für Schwingungsmessungen an Mikrosystemen und hatte dementsprechend nur eine geringe Ausgangsspannung von *10 V* für die Ansteuerung der Aktoren. Basierend auf der in Kapitel 2.1 beschriebenen Linearität zwischen der Ansteuerspannung und Auslenkung von PZT-Elementen sollten die zu erwartenden Messwerte um den Faktor *100* kleiner sein als in den zuvor durchgeführten FEM-Simulationen bestimmt.

Anhang A.2 - Dreidimensionale monolithische Piezoaktoren

Bild A.2.6: Vibrometermessung an 3D-PZT-Aktor

Aktorbauform			
Durchmesser	50 mm	50 mm	50 mm
Dicke	1 mm	4 mm	1..4 mm
Spannung	10 V	10 V	10 V
Auslenkung Δz	0,6 nm	0,5 nm	82 nm

Tabelle A.2.2: Vergleich Messergebnisse monolithische PZT-Aktoren bei *10 V*

Um die Messergebnisse bei *10 V* besser mit den Simulationsergebnissen bei *1.000 V* vergleichen zu können, sind diese hochskaliert um den Faktor *100* in Tabelle A.2.3 dargestellt. Hierbei ist sehr gut zu erkennen, dass die theoretischen Vorbetrachtungen bestätigt wurden und nur durch die Variation des Bauteilquerschnittes eine signifikante größere Auslenkung erreichbar wird.

Aktorbauform			
Durchmesser	50 mm	50 mm	50 mm
Dicke	1 mm	4 mm	1..4 mm
Spannung	1.000 V	1.000 V	1.000 V
Auslenkung Δz	0,06 µm	0,05 µm	8,2 µm

Tabelle A.2.3: Vergleich skalierte Messergebnisse monolith. PZT-Aktoren bei *1 kV*

Anhang A.2 - Dreidimensionale monolithische Piezoaktoren

Ansys© Classic Quellcode (APLD) - Datei „1_4_und_3d_PZT.apld":

```
!################################################################
!#                                                              #
!#              Vergleich 3D-PZT-Aktor                          #
!#                                                              #
!#              H A U P T P R O G R A M M                       #
!#                                                              #
!#      folgende Geometrien werden erzeugt:                     #
!#              - 1 mm PZT-Scheibe                              #
!#              - 4 mm PZT-Scheibe                              #
!#              - 3D PZT-Scheibe (Rand 1mm, Mitte 4 mm Dicke    #
!################################################################

finish
/clear                                      !alte Rechnungen aus Arbeitsspeicher löschen
*abbr,1_4_und_3d_PZT,/input,1_4_und_3d_PZT,apld ! Toolbar Aufrufen und Dateinamen für APLD-Datei definieren
/prep7                                      ! Preprocessoraufruf, alle weiteren Operationen erfolgen im Preprozessor7
emunit,mks,8.854e-12                        ! Einheitensystem definieren

!######   Elementtypen Definition #######################################
et,1,solid227,1001                          ! Elementtypdefinition für Element 1 vom Typ solid227 Piezo

!######  Variablen ####################################################
durchmesser=50e-3                           ! Durchmesser in X-Richtung
radius=durchmesser/2                        ! Radius in X-richtung
dicke1=4e-3                                 ! Dicke2 in Z-Richtung in mm (Aktormitte)
dicke2=1e-3                                 ! Dicke2 in Z-Richtung in mm (Aktorrand)
eg=1                                        ! Variable für Vernetzungssteuerung (1mm Linienlänge / eg = lesize)
eps_0=8.85e-12                              ! Dielektrizitätskonstante von Luft
POT_Elektrode_OBEN=1000                     ! Potential Elektrode1 oben in Volt
POT_Elektrode_UNTEN=0                       ! Potential Elektrode1 unten in Volt

!###### Einlesen Materialdaten Piezoaktor ##################################
/input,pi181,apld                           ! Einlesen der PI 181-Materialdaten


!###### Geometrieerzeugung ##################################
!###### Scheibe mit konst. Dicke 1 mm
k,1,0,0,13e-3                               ! Mittelpunkt untere Kreisfläche
k,2,radius,0,13e-3
k,3,radius,0,(13e-3+dicke2)
k,4,0,0,(13e-3+dicke2)
l,1,2                                       ! Linie 1
l,2,3                                       ! Linie 2
l,3,4                                       ! Linie 3
l,4,1                                       ! Linie 4
al,1,2,3,4                                  ! Fläche 1 aus Linien 1-4 erzeugen
vrotat,1,,,,,,1,4,360                       ! Rottation der Fläche 1 um Linie zwischen den Punkten 1 & 4
vglue,all

!###### Scheibe mit konst. Dicke 4 mm
k,11,0,0,3e-3                               ! Mittelpunkt untere Kreisfläche
k,12,radius,0,3e-3
k,13,radius,0,(3e-3+dicke1)
k,14,0,0,(3e-3+dicke1)
l,11,12                                     ! Linie 22
l,12,13                                     ! Linie 23
l,13,14                                     ! Linie 24
l,14,11                                     ! Linie 25
al,22,23,24,25                              ! Fläche 17 aus Linien 22-25 erzeugen
vrotat,17,,,,,,11,14,360                    ! Rottation der Fläche 17 um Linie zwischen den Punkten 11 & 14
vglue,all
```

Anhang A.2 - Dreidimensionale monolithische Piezoaktoren

```
!######## Dreidimensionaler PZT-Aktor ################
k,21,0,0,-8e-3                          ! Mittelpunkt untere Kreisfläche
k,22,(radius),0,-8e-3
k,23,(radius),0,dicke2-8e-3
k,24,(radius-1e-3),0,dicke2-8e-3
k,25,(0.5e-3),0,dicke1-8e-3
k,26,0,0,dicke1-8e-3
l,21,22                                 ! Linie 43
l,22,23                                 ! Linie 44
l,23,24                                 ! Linie 45
l,24,25                                 ! Linie 46
l,25,26                                 ! Linie 47
l,26,21                                 ! Linie 48
al,43,44,45,46,47,48                    ! Fläche 33 erzeugen
vrotat,33,,,,,,21,26,360                ! Rottation der Fläche 33 um Linie zwischen den Punkten 21 & 26
vglue,all
!########### ENDE Geometrie erzeugen ################



!####### Vernetzung ################################
        *get,Startzeit,active,,time,cpu         ! Startzeit für CPU-Zeitberechnung

!########### Linien teilen für Vernetzung ################
!# Linien Nummern bestimmen für Bedingung Schleife
lsel,all,line,,,,,0                     ! Anzahl der Gesamtlinien Bestimmen
*get,Liniennummer_min,line,0,NUM,MIN    ! niedrigste Liniennummer bestimmen
allsel

lsel,all,line,,,,,0                     ! Anzahl der Gesamtlinien Bestimmen
*get,Liniennummer_max,line,0,NUM,MAX    ! Höchste Liniennummer bestimmen
allsel

*do,Liniennummer,Liniennummer_min,Liniennummer_max,1   ! Schleife Liniennummer_min bis Liniennummer_max
        lsel,s,line,,Liniennummer,,,0                  ! Linie wählen
        *get,Linienlaenge,line,Liniennummer,leng       ! Linienlänge bestimmen
        !# Linienlänge auf ganze Zahlen aufrunden:
                Linienlaenge_dezimal    =       MOD(Linienlaenge*1e3,1)
                Linienlaenge_round      =       Linienlaenge*1e3-Linienlaenge_dezimal
        lesize,Liniennummer,,,Linienlaenge_round*eg    ! Linie unterteilen
        allsel
*enddo                                  ! Ende der Schleife
vmesh,all                               ! alle Volumen vernetzen

        !Anzahl der Netzelemente bestimmen:
        esel,all,ELEM,,,,,0
        *get,Elementenanzahl,ELEM,0,NUM,MAX
        allsel
!####### Ende Vernetzung ##############################



!####### Randbedingungen und Lagerung ##################################
!###### Scheibe mit konst. Dicke 1 mm ##################################
asel,s,area,,2,14,4                     ! Untere Flächen wählen (2,6,10,14)
nsla,s,0                                ! alle Knoten von zuvor ausgewählter Fläche selektieren
cp,1,volt,all                           ! Koppelung des kleinsten Knoten auf alle von nsel ausgewählte Knoten
*get,potential_1_unten,node,,num,min    ! kleinsten Knoten vom oberen Koppelset auswählen
d,potential_1_unten,volt,POT_Elektrode_UNTEN    ! Potential unten definieren
allsel

asel,s,area,,4,16,4                     ! Obere Flächen wählen (4,8,12,16)
nsla,s,0                                ! alle Knoten von zuvor ausgewählter Fläche selektieren
cp,2,volt,all                           ! Koppelung des kleinsten Knoten auf alle von nsel ausgewählte Knoten
*get,potential_1_oben,node,,num,min     ! kleinsten Knoten vom oberen Koppelset auswählen
d,potential_1_oben,volt,POT_Elektrode_OBEN      ! Potential oben definieren
allsel
```

135

Anhang A.2 - Dreidimensionale monolithische Piezoaktoren

```
asel,s,area,,3,15,4              ! Außenringflächen wählen (3,7,11,15)
nsla,s,0                         ! alle Knoten von zuvor ausgewählter Fläche selektieren
d,all,ux,0                       ! Verschiebung der Knoten in x-Richtung als 0 definieren (Lager)
d,all,uy,0                       ! Verschiebung der Knoten in y-Richtung als 0 definieren (Lager)
d,all,uz,0                       ! Verschiebung der Knoten in z-Richtung als 0 definieren (Lager)
allsel


!###### Scheibe mit konst. Dicke 2 mm ###################################
asel,s,area,,18,30,4             ! Untere Flächen wählen (18,22,26,30)
nsla,s,0                         ! alle Knoten von zuvor ausgewählter Fläche selektieren
cp,3,volt,all                    ! Koppelung des kleinsten Knoten auf alle von nsel ausgewählte Knoten
*get,potential_1_unten,node,,num,min    ! kleinsten Knoten vom oberen Koppelset auswählen
d,potential_1_unten,volt,POT_Elektrode_UNTEN    ! Potential unten definieren
allsel

asel,s,area,,20,32,4             ! Obere Flächen wählen (20,24,28,32)
nsla,s,0                         ! alle Knoten von zuvor ausgewählter Fläche selektieren
cp,4,volt,all                    ! Koppelung des kleinsten Knoten auf alle von nsel ausgewählte Knoten
*get,potential_1_oben,node,,num,min     ! kleinsten Knoten vom oberen Koppelset auswählen
d,potential_1_oben,volt,POT_Elektrode_OBEN      ! Potential oben definieren
allsel

asel,s,area,,19,31,4             ! Außenringflächen wählen (19,23,27,31)
nsla,s,0                         ! alle Knoten von zuvor ausgewählter Fläche selektieren
d,all,ux,0                       ! Verschiebung der Knoten in x-Richtung als 0 definieren (Lager)
d,all,uy,0                       ! Verschiebung der Knoten in y-Richtung als 0 definieren (Lager)
d,all,uz,0                       ! Verschiebung der Knoten in z-Richtung als 0 definieren (Lager)
allsel


!###### Dreidimensionaler PZT-Aktor ###################################
asel,s,area,,34,52,6             ! Untere Flächen wählen (34,40,46,52)
nsla,s,0                         ! alle Knoten von zuvor ausgewählter Fläche selektieren
cp,5,volt,all                    ! Koppelung des kleinsten Knoten auf alle von nsel ausgewählte Knoten
*get,potential_1_unten,node,,num,min    ! kleinsten Knoten vom oberen Koppelset auswählen
d,potential_1_unten,volt,POT_Elektrode_UNTEN    ! Potential unten definieren
allsel

asel,s,area,,37,55,6             ! Obere Flächen wählen (37,43,49,55)
nsla,s,0                         ! alle Knoten von zuvor ausgewählter Fläche selektieren
cp,6,volt,all                    ! Koppelung des kleinsten Knoten auf alle von nsel ausgewählte Knoten
*get,potential_1_oben,node,,num,min     ! kleinsten Knoten vom oberen Koppelset auswählen
d,potential_1_oben,volt,POT_Elektrode_OBEN      ! Potential oben definieren
allsel
asel,s,area,,38,56,6             ! Obere Flächen wählen (38,44,50,56)
nsla,s,0                         ! alle Knoten von zuvor ausgewählter Fläche selektieren
cp,7,volt,all                    ! Koppelung des kleinsten Knoten auf alle von nsel ausgewählte Knoten
*get,potential_1_oben,node,,num,min     ! kleinsten Knoten vom oberen Koppelset auswählen
d,potential_1_oben,volt,POT_Elektrode_OBEN      ! Potential oben definieren
allsel
asel,s,area,,36,54,6             ! Obere Flächen wählen (36,42,48,54)
nsla,s,0                         ! alle Knoten von zuvor ausgewählter Fläche selektieren
cp,8,volt,all                    ! Koppelung des kleinsten Knoten auf alle von nsel ausgewählte Knoten
*get,potential_1_oben,node,,num,min     ! kleinsten Knoten vom oberen Koppelset auswählen
d,potential_1_oben,volt,POT_Elektrode_OBEN      ! Potential oben definieren
allsel

asel,s,area,,35,53,6             ! Außenringflächen wählen (35,41,47,53)
nsla,s,0                         ! alle Knoten von zuvor ausgewählter Fläche selektieren
d,all,ux,0                       ! Verschiebung der Knoten in x-Richtung als 0 definieren (Lager)
d,all,uy,0                       ! Verschiebung der Knoten in y-Richtung als 0 definieren (Lager)
d,all,uz,0                       ! Verschiebung der Knoten in z-Richtung als 0 definieren (Lager)
allsel
```

Anhang A.2 - Dreidimensionale monolithische Piezoaktoren

```
!######   Lösen   #################################
/solu
solve


!####### Ergebnis darstellen #########################
/post1
plnsol,u,sum

*get,Endzeit,active,,time,cpu            ! Endzeit für CPU-Zeitberechnung

!## maximale und minimale Auslenkung U,SUM und U,Z ermitteln
        NSORT,u,sum,max
        *get,maxauslenkung_usum,SORT,,MAX
        NSORT,u,sum,min
        *get,minauslenkung_usum,SORT,,MIN
        NSORT,u,z,max
        *get,maxauslenkung_uz,SORT,,MAX
        NSORT,u,z,min
        *get,minauslenkung_uz,SORT,,MIN
!## Ergebnisse in Datei schreiben
/output,Elemente und Ergebnisse,txt,,APPEND
        /com,Anzahl Elemente beim Vernetzen    : %Elementenanzahl%
        /com,Verwendete EG                     : %eg%
        /com,Maximale Auslenkung usum          : %maxauslenkung_usum%
        /com,Minimale Auslenkung usum          : %minauslenkung_usum%
        /com,Maximale Auslenkung uz            : %maxauslenkung_uz%
        /com,Minimale Auslenkung uz            : %minauslenkung_uz%
        /com,CPU Startzeit              : %Startzeit%
        /com,CPU Endzeit                : %Endzeit%
        /com,CPU Zeit in Sekunden       : %(Endzeit-Startzeit)% s
        /com,CPU Zeit in Minuten        : %((Endzeit-Startzeit)/60)% min
        /com,CPU Zeit in Stunden        : %((Endzeit-Startzeit)/3600)% h
        /com,
        /com,
        /com,###################################################################
        /com,
        /com,
        /com,
/output


!####### Ergebnis als Bild speichern #########################
/show,tiff
!--auf weißen Hintergrund und schwarze Schrift umschalten----
/rgb,index,100,100,100,0
/rgb,index,0,0,0,15

/GFILE,2400                  ! Pixelauflösung Z-buffered Grafikdatei festlegen
TIFF,COMP,0                  ! Tiff-Datei nicht Komprimieren
TIFF,ORIENT,Horizontal       ! Horizontale Bildausrichtung (Querformat)
TIFF,COLOR,2                 ! Farbige Ausgabe
TIFF,TMOD,1                  ! Schrift in Bildform integrieren
/COLOR,OUTL,BLAC             ! Umrisslinien von Elementen, Volumen und Flächen Schwarz darstellen
/PLOPTS,FILE,0               ! Ansys Jobname wird in Grafik nicht mit angezeigt
/REPLOT
/show,close


/eof
!####### Dateiende #########################
```

Anhang A.2 - Dreidimensionale monolithische Piezoaktoren

Ansys© Classic Quellcode (APLD) - Datei „pi181.apld" (Materialparameter PI 181)

```
!####### Start Eingabe Materialdaten PI 181 ###################################
dmprate=0.1      !10% Dämpfung
mp,damp,1e-9

!sE Parameter -> konstante elektrische Feldstärke
S11=1.175E-11
S12=-4.070E-12
S13=-4.996E-12
S33=1.411E-11
S44=3.533E-11
S55=3.533E-11
S66=3.164E-11
!cE parameter -> konstante elektrische Feldstärke
c11E=1.523e+11
c12E=8.909E+10
c13E=8.547E+10
c33E=1.314E+11
c44E=2.830E+10
c55E=2.830E+10
c66E=3.161E+10
!e parameter
e31=-4.5
e33=14.7
e15=11
!D Parameter
D15=3.89E-10
D31=-1.08E-10
D33=2.53E-10
! Dielektrozitätskonstante eps^s
eps11S=740
eps33S=624
! relative Dielektrozitätskonstante
reps11=eps11S/eps_0      ! Durch Dielektrizitätskonstante von Luft teilen
reps33=eps33S/eps_0      ! Durch Dielektrizitätskonstante von Luft teilen

dens=7.85e+3             ! Materialdichte
!####### ENDE Eingabe Materialdaten PI 181 ###################################

mp,dens,1,dens           ! Dichte als Materialparameter zuweisen

!########### Piezomatrix definieren ################
TB,PIEZ,1                ! Material #1, piezo matrix
TBDATA, 3,e31
TBDATA, 6,e31
TBDATA, 9,e33
TBDATA,14,e15
TBDATA,16,e15


TB,ANEL,1                !Elastizitätstabelle definieren
TBDATA,1,c11E,c12E,c13E
TBDATA,7,c11E,c13E
TBDATA,12,c33E
TBDATA,16,c66E
TBDATA,19,c44E
TBDATA,21,c44E

!----------------rel. Permitivität
EMUNIT,EPZRO,8.85e-12        ! Define free-space permittivity
MP,PERX,1,reps11             ! Material Permitivität x-Richtung
MP,PERY,1,reps11             ! Material Permitivität y-Richtung
MP,PERZ,1,reps33             ! Material Permitivität z-Richtung
!########### ENDE Piezotabelle definieren ################
!########### Dateiende ################
```

A.3 Quellcode Ansys©-Simulation - Prototyp Aktor mit Stahlspeichen

Ansys© Quellcode (APLD) - Datei „aktor_prototyp.apld" (Hauptprogramm):

```
!####################################################################
!#                                                                  #
!#           Prototyp PZT-Aktor mit Stahlspeichen                   #
!#                                                                  #
!#                H A U P T P R O G R A M M                         #
!#                                                                  #
!####################################################################

finish
/clear

*abbr,aktor_prototyp,/input, aktor_prototyp.apld    ! Toolbar Aufrufen und Dateinamen für APLD-Datei definieren
/prep7                                              ! Preprozessoraufruf, alle weiteren Operationen erfolgen im
                                                    Preprozessor7

!######  Elementtypen Definition ########################################
et,1,solid227,1001              ! Elementtypdefinition für Element 1 Piezo
et,2,solid227,11                ! Elementtypdefinition für Element 2 Stahlspeichen
emunit,mks,8.854e-12            ! Einheitensystem definieren

!######  Variablen ####################################################
eps_0=8.85e-12                  ! Dielektrizitätskonstante von Luft
POT_Elektrode1_Oben=0           ! Potential Elektrode1 oben in Volt
POT_Elektrode1_UNTEN=1000       ! Potential Elektrode1 unten in Volt
eg=2.6                          !-> EG wird für das Vernetzen verwendet. Lesize = round(EG * Linienlänge)
                                ! Die Linienlänge wird immer aufgerundet auf ganze Zahlen


!######  Einlesen Materialdaten Piezoaktor ##################################
/input,pi151,apld               ! Einlesen der Materialdaten PI 255

!######  Einlesen Materialdaten Speichenstruktur ##############################
/input,speichen_stahl,apld      ! Einlesen der Materialdaten Stahl

*get,Startzeit,active,,time,cpu ! Startzeit für CPU-Zeitberechnung


!######  Vernetzung ##################################
/input,aktor_prototyp_meshing,apld      ! Unterprogramm Vernetzung aufrufen

!######  Randbedingungen und Lagerung ##################################

        !Anzahl der verwendeten Elemente für das Netz bestimmen:
                esel,all,ELEM,,,,,0
                *get,Elementenanzahl,ELEM,0,NUM,MAX
                allsel

/input,aktor_prototyp_lager,apld        ! Unterprogramm Randbedingungen aufrufen

!######  Solver Starten ##################################
/input, aktor_prototyp_solver,apld      ! Unterprogramm Solver aufrufen


/EOF

!########################## P R O G R A M M E N D E ##########################
```

Anhang A.3 - Quellcode Ansys©-Simulation - Prototyp Aktor mit Stahlspeichen

Datei „ pi151.apld " (Materialdaten Piezokeramik PI 151):

```
!####### Start Eingabe Materialdaten PI 255 ###################################
!10% Dämpfung
dmprate=0.1
mp,damp, 1e-9
!sE Parameter -> konstante elektrische Feldstärke
S11=1.683E-11
S12=-5.656E-12
S13=-7.107E-12
S33=1.900E-11
S44=5.096E-11
S55=5.096E-11
S66=4.497E-11
!cE parameter -> konstante elektrische Feldstärke
c11E=1.076E+11
c12E=6.312E+10
c13E=6.385E+10
c33E=1.004E+11
c44E=1.962E+10
c55E=1.962E+10
c66E=2.224E+10
!e parameter
e31=-9.6
e33=15.1
e15=12.0
!d parameter
D15=6.10E-10
D31=-2.14E-10
D33=4.23E-10
! Dielektrozitätskonstante eps^s
eps11S=1110
eps33S=852
! relative Dielektrizitätskonstante
reps11=eps11S/eps_0    ! Durch Dielektrizitätskonstante von Luft teilen
reps33=eps33S/eps_0    ! Durch Dielektrizitätskonstante von Luft teilen

dens=7.76e+3           ! Dichte
!####### ENDE Eingabe Materialdaten PI 151 #################################
mp,dens,1,dens         ! Materialparameter die Dichte zuweisen

!########## Piezotabelle definieren ################
TB,PIEZ,1       ! Material #1, piezo matrix
TBDATA, 3,e31          ! Input first row
TBDATA, 6,e31          ! Input second row
TBDATA, 9,e33          ! Input third row
TBDATA,14,e15          ! Input fifth row
TBDATA,16,e15          ! Input sixth row

TB,ANEL,1     !Elastizitätstabelle definieren
tbdata,1,c11E,c12E,c13E
tbdata,7,c11E,c13E
tbdata,12,c33E
tbdata,16,c66E
tbdata,19,c44E
tbdata,21,c44E

! ########### rel. Permitivität ###########
EMUNIT,EPZRO,8.85e-12      ! Define free-space permittivity
MP,PERX,1,reps11    ! Material Permitivität x
MP,PERY,1,reps11    ! Material Permitivität y = x
MP,PERZ,1,reps33    ! Material Permitivität z
!########## ENDE Piezotabelle definieren ################

!######################## ######## D A T E I E N D E ###########################
```

Anhang A.3 - Quellcode Ansys©-Simulation - Prototyp Aktor mit Stahlspeichen

Datei „speichen_stahl.apld" (Materialdaten Stahl):

```
!###### Start Eingabe Materialdaten Stahl ###################################
MP,EX,2,210              ! E-Modul Stahl, unlegiert = 210 kN/mm^2
MP,EY,2,210              ! E-Modul Stahl, unlegiert = 210 kN/mm^2
MP,EZ,2,210              ! E-Modul Stahl, unlegiert = 210 kN/mm^2
MP,DENS,2,7.85           ! Dichte Stahl unlegiert = 7,85 kg/dm^3
MP,GXY,2,79.3            ! Schubmodul Stahl G=79,3 GPa
MP,GYZ,2,79.3            ! Schubmodul Stahl G=79,3 GPa
MP,GXZ,2,79.3            ! Schubmodul Stahl G=79,3 GPa
MP,PRXY,2,0.27           ! Querkontaktionszahl Stahl (Poissonzahl / Poisson Ratio)
MP,PRYZ,2,0.27           ! Querkontaktionszahl Stahl (Poissonzahl / Poisson Ratio)
MP,PRXZ,2,0.27           ! Querkontaktionszahl Stahl (Poissonzahl / Poisson Ratio)
!###### ENDE Eingabe Materialdaten Stahl ###################################

!################################### D A T E I E N D E ###########################
```

Datei „aktor_prototyp_meshing.apld ":

```
!############################################
!                                            !
!    Prototyp PZT-Aktor mit Stahlspeichen    !
!    Unterprogramm: CAD-Import und Vernetzung !
!                                            !
!############################################

!######  Import CAD-Daten ##############################################
/INP,zusammenbau,anf              ! ANF-Datei mit konvertierten CAD-Daten öffnen
vglue,all

!########## Linien teilen für Vernetzung ################
!# Linien Nummern bestimmen für Bedingung Schleife
lsel,all,line,,,,,0               ! Anzahl der gesamten Linien Bestimmen
*get,Liniennummer_min,line,0,NUM,MIN  ! niedrigste Liniennummer bestimmen
allsel

lsel,all,line,,,,,0               ! Anzahl der gesamten Linien Bestimmen
*get,Liniennummer_max,line,0,NUM,MAX  ! höchste Liniennummer bestimmen
allsel

*do,Liniennummer,Liniennummer_min,Liniennummer_max,1  ! Schleife Liniennummer_min bis Liniennummer_max
    lsel,s,line,,,Liniennummer,,,0                    ! Linie wählen
    *get,Linienlaenge,line,Liniennummer,leng          ! Linienlänge bestimmen
    !# Linienlänge auf ganze Zahl aufrunden:
            Linienlaenge_dezimal    =       MOD(Linienlaenge,1)
            Linienlaenge_round      =       Linienlaenge-Linienlaenge_dezimal
    lesize,Liniennummer,,,(Linienlaenge_round*eg) - MOD((Linienlaenge_round*eg),1)   ! Linie unterteilen
    allsel
*enddo                            ! Ende der Schleife

!########## Vernetzen ################
!########## Piezo-Aktor (Volumen 3) ################
type,1 $mat,1                     ! Materialzuweisung -> bezogen auf ET und MP
vmesh,3

!########## Speichen (Volumen 4) ################
type,2 $mat,2                     ! Materialzuweisung -> bezogen auf ET und MP
vmesh,4

!################################### D A T E I E N D E ###########################
```

Anhang A.3 - Quellcode Ansys©-Simulation - Prototyp Aktor mit Stahlspeichen

Datei „aktor_prototyp_lager.apld ":

```
!##############################################
!                                              !
!    Prototyp PZT-Aktor mit Stahlspeichen      !
!    Unterprogramm:  Randbedingungen und Lagerung!
!                                              !
!##############################################

!########## Randbedingungen festlegen ################

!############## A U S S E N R I N G ##############
!###### Elektrode Potential Oberseite - festlegen ####################################
asel,s,area,,50                          ! Flächen auswählen
nsla,s,0                                 ! alle Knoten von zuvor ausgewählter Fläche selektieren
cp,1,volt,all                            ! Koppelung des kleinsten Knoten auf alle von nsel ausgewählte Knoten

*get,potential_1_oben,node,,num,min      ! kleinsten Knoten vom oberen Koppelset auswählen
d,potential_1_oben,volt,POT_Elektrode1_Oben   ! Potential oben definieren
allsel


!###### Elektrode 1 Potential Unterseite -  festlegen ####################################
asel,s,area,,49                          ! Flächen auswählen
nsla,s,0                                 ! alle Knoten von zuvor ausgewählter Fläche selektieren
cp,7,volt,all                            ! Koppelung des kleinsten Knoten auf alle von nsel ausgewählte Knoten
*get,potential_7_unten,node,,num,min     ! kleinsten Knoten vom oberen Koppelset auswählen
d,potential_7_unten,volt,POT_Elektrode1_Unten  ! Potential unten definieren
allsel


!###### Einspannung Hauptlager festlegen (Innenringfläche) ####################################
asel,s,area,,27,28,1                     ! Fläche auswählen
nsla,s,0                                 ! alle Knoten von zuvor ausgewählter Fläche selektieren
d,all,ux,0                               ! Verschiebung aller gewählten Punkte in X-Richtung als fest =0 definieren
d,all,uy,0                               ! Verschiebung aller gewählten Punkte in Y-Richtung als fest =0 definieren
d,all,uz,0                               ! Verschiebung aller gewählten Punkte in Z-Richtung als fest =0 definieren
allsel

!################################# D A T E I E N D E ############################
```

Anhang A.3 - Quellcode Ansys©-Simulation - Prototyp Aktor mit Stahlspeichen

Datei „aktor_prototyp_solver.apld ":

```
!###########################################
!                                           !
!   Prototyp PZT-Aktor mit Stahlspeichen    !
!        Unterprogramm: Solver              !
!                                           !
!###########################################

!#######   Lösen  ################################
/solu
solve

!####### Ergebnis darstellen #########################
/post1
plnsol,u,sum


*get,Endzeit,active,,time,cpu      ! Endzeit für CPU-Zeitberechnung

!####### Ergebnis als Bild speichern #########################
/show,tiff
!-- schaltet auf weißen Hintergrund und schwarze Schrift ----
/rgb,index,100,100,100,0
/rgb,index,0,0,0,15

/GFILE,2400                  ! Specifies the pixel resolution on Z-buffered graphics files
TIFF,COMP,0                  ! Tiff nicht komprimieren
TIFF,ORIENT,Horizontal       ! Horizontale Ausrichtung Bild
TIFF,COLOR,2                 ! Farbige Ausgabe
TIFF,TMOD,1                  ! Schrift in Bildform integieren
/COLOR,OUTL,BLAC             ! Outline of elements, areas, and volumes
/PLOPTS,FILE,0               ! Ansys Jobname wird in Grafik nicht mit angezeigt
/REPLOT
/show,close

/RENAME, file000, tif, , usum_pi255_stahl_EG%eg%, tif          ! Datei umbenennen


!## maximale Auslenkung U,SUM ermitteln
NSORT,u,sum,max
*get,maxauslenkung,SORT,,MAX

!## Ergebnisse in Datei schreiben
/output,Elemente und Ergebnisse,txt,,APPEND
     /com,Anzahl Elemente beim Vernetzen      : %Elementenanzahl%
     /com,Verwendete EG                       : %eg%
     /com,Maximale Auslenkung                 : %maxauslenkung%
     /com,CPU Startzeit                       : %Startzeit%
     /com,CPU Endzeit                         : %Endzeit%
     /com,CPU Zeit in Sekunden                : %(Endzeit-Startzeit)% s
     /com,CPU Zeit in Minuten                 : %((Endzeit-Startzeit)/60)% min
     /com,CPU Zeit in Stunden                 : %((Endzeit-Startzeit)/3600)% h
     /com,
     /com,
     /com,################################################################
     /com,
     /com,
     /com,
/output

!################################# D A T E I E N D E ##########################
```

A.4 Quellcode Ansys©-Simulation - umspritzter PZT-Aktor

Datei „como_aktor_gfk.apld" (Hauptprogramm):

```
!###########################################################################
!#           Hauptprogramm Ceramic Injection Molding                     #
!###########################################################################

finish            !\
/clear            !/ alte Rechnungen löschen (z.B. aus Arbeitsspeicher)
*abbr,como_aktor_gfk,/input,como_aktor_gfk,apld    ! Toolbar Aufrufen und Dateinamen für APLD-Datei definieren

!# Import der ProE Baugruppe, muss im selben Verzeichnis stehen und dieses MUSS als Arbeitsverzeichnis deklariert sei
!##### ProE Wildfire 5.0 #########
!~PROEIN,zusammenbau,asm,,C:\Program Files (x86)\proeWildfire 5.0\bin\proe.exe,0
!~PROEIN,aktor_speichern,prt,,C:\Program Files (x86)\proeWildfire 5.0\bin\proe.exe,0
/INP,zusammenbau,anf              ! ANF-Datei öffnen --> importierte CAD-Daten
/prep7                            ! Preprocessoraufruf, alle weiteren Operationen erfolgen im Preprozessor7
/pnum,volume,1
vplot,all

emunit,mks,8.854e-12              ! Einheitensystem definieren
!-Elementtypen- Definition
et,1,solid227,1001                ! Elementtypdef. für Element 1 solid227 Piezo->   Piezoelectric TETRAEDER
et,2,solid227,11                  ! Elementtypdef.für Element 2 solid227 Stahlspeichen-> Structural TETRAEDER

!### Variablen deklarieren : ###################################################
eps_0=8.85e-12                    ! Dielektrizitätskonstante von Luft
POT_Elektrode1_Oben=0             ! Potential Elektrode1 oben in Volt
POT_Elektrode1_UNTEN=1000         ! Potential Elektrode1 unten in Volt

!####### Einlesen Materialdaten Piezoaktor ####################################
/input,pi255,apld                 ! Einlesen der Materialdaten PI 255

!####### Einlesen Materialdaten Speichenstruktur #############################
!/input,speichen_stahl,apld       ! Einlesen der Materialdaten Stahl
/input,speichen_badamid_t70_gf50,apld    ! Einlesen der Materialdaten Badamid Pa6 T70 GF50
!/input,speichen_badalac_abs_20_gf15,apld  ! Einlesen der Materialdaten Badalac ABS 20 GF 15

aovlap,all
vglue,all

!########## Vernetzen ########################################################
!########## Aktor (Volumen 15) ################
lesize,111,,,50
lesize,112,,,50
lesize,117,,,50
lesize,118,,,50
lesize,129,,,50
lesize,130,,,50
lesize,135,,,50
lesize,136,,,50
lesize,97,,,4
lesize,98,,,4
lesize,99,,,80
lesize,100,,,80
lesize,104,,,4
lesize,103,,,4
lesize,101,,,50
lesize,102,,,50
lesize,1,,,150
lesize,2,,,150
lesize,5,,,150
lesize,6,,,150
type,1 $mat,1                     ! Materialzuweisung      -> bezogen auf ET1 und MP1
vmesh,15
```

Anhang A.4 - Quellcode Ansys©-Simulation - umspritzter PZT-Aktor

```
!Speichenmaterial
type,2 $mat,2                      ! Materialzuweisung      -> bezogen auf ET2 und MP2
!########## Innenring (Volumen 16) ################
lesize,109,,,12
lesize,110,,,12
lesize,115,,,12
lesize,116,,,12
lesize,127,,,12
lesize,128,,,12
lesize,133,,,12
lesize,134,,,12
lesize,139,,,8
lesize,140,,,8
lesize,107,,,4
lesize,108,,,4
lesize,121,,,8
lesize,122,,,8
lesize,125,,,4
lesize,126,,,4
vmesh,16

!########## Speiche 1 (Volumen 9) ################
lesize,14,,,48
lesize,16,,,48
lesize,18,,,48
lesize,20,,,48
vmesh,9

!########## Speiche 2 (Volumen 10) ################
lesize,26,,,48
lesize,28,,,48
lesize,30,,,48
lesize,32,,,48
vmesh,10

!########## Speiche 3 (Volumen 11) ################
lesize,38,,,48
lesize,40,,,48
lesize,42,,,48
lesize,44,,,48
vmesh,11

!########## Speiche 4 (Volumen 12) ################
lesize,50,,,48
lesize,52,,,48
lesize,54,,,48
lesize,56,,,48
vmesh,12

!########## Speiche 5 (Volumen 13) ################
lesize,62,,,48
lesize,64,,,48
lesize,66,,,48
lesize,68,,,48
vmesh,13

!########## Speiche 6 (Volumen 14) ################
lesize,74,,,48
lesize,76,,,48
lesize,78,,,48
lesize,80,,,48
vmesh,14
!##########  E N D E   Vernetzen #########################################
```

Anhang A.4 - Quellcode Ansys©-Simulation - umspritzter PZT-Aktor

```
!########## Randbedingungen festlegen ################
!############### A U S S E N R I N G ##############
!###### Elektrode Potential Oberseite - festlegen ####################################
asel,s,area,,84                              ! Flächen 84 auswählen
nsla,s,0                                     ! alle Knoten von zuvor ausgewählter Fläche selektieren
cp,1,volt,all                                ! Koppelung des kleinsten Knoten auf alle von nsel ausgewählte Knoten
*get,potential_1_oben,node,,num,min          ! kleinsten Knoten vom oberen Koppelset auswählen
d,potential_1_oben,volt,POT_Elektrode1_Oben  ! Potential oben definieren
allsel

!###### Elektrode Potential Unterseite - festlegen ####################################
asel,s,area,,83                              ! Fläche 83 auswählen
nsla,s,0                                     ! alle Knoten von zuvor ausgewählter Fläche selektieren
cp,4,volt,all                                ! Koppelung des kleinsten Knoten auf alle von nsel ausgewählte Knoten
*get,potential_1_unten,node,,num,min         ! kleinsten Knoten vom oberen Koppelset auswählen
d,potential_1_unten,volt,POT_Elektrode1_Unten ! Potential unten definieren
allsel

!###### Einspannung Hauptlager festlegen (Innenringbohrung) #########################
asel,s,area,,85,86,1                         ! Fläche 85,86 auswählen
nsla,s,0                                     ! alle Knoten von zuvor ausgewählter Fläche selektieren
d,all,ux,0                                   ! Verschiebung aller gewählten Punkte in X-Richtung als fest =0 definieren
d,all,uy,0                                   ! Verschiebung aller gewählten Punkte in Y-Richtung als fest =0 definieren
d,all,uz,0                                   ! Verschiebung aller gewählten Punkte in Z-Richtung als fest =0 definieren
allsel

!###### Berechnung / Darstellung ################################################
/solu                                        ! Solver aufrufen
solve                                        ! Berechnung durchführen

/post1                                       ! Postprozessor 1 aufrufen
plnsol,u,sum                                 ! Ergebnis darstellen (Summer der Verschiebungen Ux, Uy und Uz)

/eof

!############################ P R O G R A M M E N D E ############################
```

Anhang A.4 - Quellcode Ansys©-Simulation - umspritzter PZT-Aktor

Datei „ pi255.apld " (Materialdaten Piezokeramik PI 255):

```
!####### Start Eingabe Materialdaten PI 255 ##################################
!10% Dämpfung
dmprate=0.1
mp,damp, 1e-9
!sE Parameter -> konstante elektrische Feldstärke
S11=1.617E-11
S12=-4.8420E-12
S13=-7.050E-12
S33=1.780E-11
S44=5.237E-11
S55=5.237E-11
S66=4.202E-11
!cE parameter -> konstante elektrische Feldstärke
c11E=1.108E+11
c12E=6.326E+10
c13E=6.896E+10
c33E=1.108E+11
c44E=1.909E+10
c55E=1.909E+10
c66E=2.380E+10
!e parameter
e31=-56
e33=12.8
e15=10.3
!d parameter
D15=5.39E-10
D31=-1.54E-10
D33=3.07E-10
! Dielektrozitätskonstante eps^s
eps11S=873
eps33S=680
! relative Dielektrozitätskonstante
reps11=eps11S/eps_0        ! Durch Dielektrizitätskonstante von Luft teilen
reps33=eps33S/eps_0        ! Durch Dielektrizitätskonstante von Luft teilen

dens=7.76e+3               ! Dichte
!####### ENDE Eingabe Materialdaten PI 181 ##################################
mp,dens,1,dens             ! Materialparameter die Dichte zuweisen

!########### Piezotabelle definieren #################
TB,PIEZ,1                  ! Material #1, piezo matrix
TBDATA, 3,e31              ! Input first row
TBDATA, 6,e31              ! Input second row
TBDATA, 9,e33              ! Input third row
TBDATA,14,e15              ! Input fifth row
TBDATA,16,e15              ! Input sixth row

TB,ANEL,1     !Elastizitätstabelle definieren
tbdata,1,c11E,c12E,c13E
tbdata,7,c11E,c13E
tbdata,12,c33E
tbdata,16,c66E
tbdata,19,c44E
tbdata,21,c44E

! ########### rel. Permitivität ###########
EMUNIT,EPZRO,8.85e-12      ! Define free-space permittivity
MP,PERX,1,reps11           ! Material Permitivität x
MP,PERY,1,reps11           ! Material Permitivität y = x
MP,PERZ,1,reps33           ! Material Permitivität z
!########### ENDE Piezotabelle definieren #################
!######################### ######## D A T E I E N D E ###########################
```

Anhang A.4 - Quellcode Ansys©-Simulation - umspritzter PZT-Aktor

Datei „speichen_badalac_abs_20_gf15.apld"
(Materialdaten Badalac ABS20GF15):

```
!####### Start Eingabe Materialdaten Badalac ABS 20 GF15 ####################################
MP,EX,2,6           ! E-Modul       = 6 kN/mm^2 = 6.000 MPa
MP,EY,2,6           ! E-Modul       = 6 kN/mm^2 = 6.000 MPa
MP,EZ,2,6           ! E-Modul       = 6 kN/mm^2 = 6.000 MPa
MP,DENS,2,1.1       ! Dichte   = 1,10 g/cm^3
MP,GXY,2,20         ! Schubmodul G  = 20 kN/mm^2 = Richtwert
MP,GYZ,2,20         ! Schubmodul G  = 20 kN/mm^2 = Richtwert
MP,GXZ,2,20         ! Schubmodul G  = 20 kN/mm^2 = Richtwert
MP,PRXY,2,0.32      ! Querkontaktionszahl (Poissonzahl / Poisson Ratio) Richtwert
MP,PRYZ,2,0.32      ! Querkontaktionszahl (Poissonzahl / Poisson Ratio) Richtwert
MP,PRXZ,2,0.32      ! Querkontaktionszahl (Poissonzahl / Poisson Ratio) Richtwert
!####### ENDE Eingabe Materialdaten Badalac ABS 20 GF15 #####################################

!############################# D A T E I E N D E ############################
```

Datei „speichen_badamid_t70_gf50.apld" (Materialdaten Badamid T70 GF50):

```
!####### Start Eingabe Materialdaten Badamid T50 GF50, PA6 ##################################
MP,EX,2,18          ! E-Modul       = 18 kN/mm^2 = 18.000 MPa
MP,EY,2,18          ! E-Modul       = 18 kN/mm^2 = 18.000 MPa
MP,EZ,2,18          ! E-Modul       = 18 kN/mm^2 = 18.000 MPa
MP,DENS,2,1.56      ! Dichte   = 1,56 g/cm^3
MP,GXY,2,30         ! Schubmodul G  = 30 kN/mm^2 = 30.000 MPa
MP,GYZ,2,30         ! Schubmodul G  = 30 kN/mm^2 = 30.000 MPa
MP,GXZ,2,30         ! Schubmodul G  = 30 kN/mm^2 = 30.000 MPa
MP,PRXY,2,0.3       ! Querkontaktionszahl PA6 GF 50 (Poissonzahl / Poisson Ratio)
MP,PRYZ,2,0.3       ! Querkontaktionszahl PA6 GF 50 (Poissonzahl / Poisson Ratio)
MP,PRXZ,2,0.3       ! Querkontaktionszahl PA6 GF 50 (Poissonzahl / Poisson Ratio)
!####### ENDE Eingabe Materialdaten Badamid T50 GF50, PA6 ###################################

!############################# D A T E I E N D E ############################
```

Datei „speichen_stahl.apld" (Materialdaten Stahl):

```
!####### Start Eingabe Materialdaten Stahl #################################
MP,EX,2,210         ! E-Modul Stahl, unlegiert = 210 kN/mm^2
MP,EY,2,210         ! E-Modul Stahl, unlegiert = 210 kN/mm^2
MP,EZ,2,210         ! E-Modul Stahl, unlegiert = 210 kN/mm^2
MP,DENS,2,7.85      ! Dichte Stahl unlegiert = 7,85 kg/dm^3
MP,GXY,2,79.3       ! Schubmodul Stahl G=79,3 GPa
MP,GYZ,2,79.3       ! Schubmodul Stahl G=79,3 GPa
MP,GXZ,2,79.3       ! Schubmodul Stahl G=79,3 GPa
MP,PRXY,2,0.27      ! Querkontaktionszahl Stahl (Poissonzahl / Poisson Ratio)
MP,PRYZ,2,0.27      ! Querkontaktionszahl Stahl (Poissonzahl / Poisson Ratio)
MP,PRXZ,2,0.27      ! Querkontaktionszahl Stahl (Poissonzahl / Poisson Ratio)
!####### ENDE Eingabe Materialdaten Stahl ##################################

!############################# D A T E I E N D E ############################
```

A.5 PZT Entbinderungsprogramme für Nabertherm LH 8/16 Öfen

Feedstock PI 255 laut Herstellerangaben Bindemittel (Fa. Clarinat)

Programm 32: Entbindern PZT Feedstock laut Hersteller					
Ta [°C]	Tb [°C]	Zeit [h]	Zeit [min]	Rate [°C/h]
20	80	1	0	60
80	80	5	0	0
80	140	60	0	1
140	140	1	0	0
140	170	30	0	1
170	170	12	0	0
170	300	16	15	8
300	300	8	0	0
300	20	70	0	4
Summe Prozesszeit: 8 Tage 11 h 15 min				

Tabelle A.5.1: Entbinderungsprofil für Licomont EK 583 Bindemittel (Herstellerangaben)

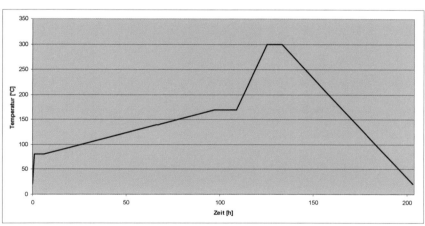

Grafik A.5.1: Entbinderungsprofil für Licomont EK 583 Bindemittel (Herstellerangaben)

Anhang A.5 - PZT Entbinderungsprogramme für Nabertherm LH 8/16 Öfen

Feedstock PI 255 optimiert

| Programm 33: Entbindern PZT Feedstock optimiert |||||
Ta [°C]	Tb [°C]	Zeit [h]	Zeit [min]	Rate [°C/h]
20	80	1	0	60
80	80	0	30	0
80	140	30	0	2
140	140	1	0	0
140	170	15	0	2
170	170	0	30	0
170	300	8	40	15
300	300	1	0	0
300	20	14	0	20
Summe Prozesszeit: 2 Tage 23 h 40 min				

Tabelle A.5.2: Optimiertes Entbinderungsprofil für Licomont EK 583 Bindemittel

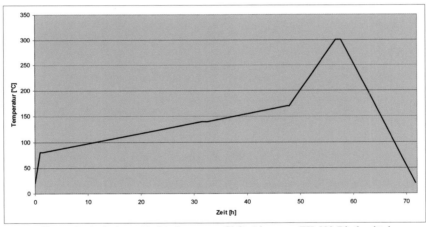

Grafik A.5.2: Optimiertes Entbinderungsprofil für Licomont EK 583 Bindemittel

A.6 PZT-Sinterprogramme für Nabertherm LH8/16 Öfen

PI 255 Herstellerangaben (Fa. PI Ceramic)

Programm 65: Sintern PZT- PI 255 laut Hersteller					
Ta [°C]	Tb [°C]	Zeit [h]	Zeit [min]	Rate [°C/h]
20	300	18	40	15
300	300	4	0	0
300	950	40	37	16
950	950	1	0	0
950	1100	15	0	6,6
1100	1100	3	0	0
1100	500	60	0	10
500	500	0	1	0
500	20	32	0	15
Summe Prozesszeit: 7 Tage 6 h 18 min				

Tabelle A.6.1: Sinterprofil für PI 255 (Herstellerangaben)

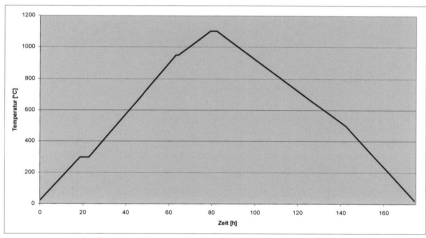

Grafik A.6.1: Sinterprofil für PI 255 (Herstellerangaben)

PI 255 optimiert

| Programm 66: Sintern PZT PI 255 optimiert ||||||
Ta [°C]	Tb [°C]	Zeit [h]	Zeit [min]	Rate [°C/h]
20	300	4	40	60
300	300	4	0	0
300	950	10	50	60
950	950	1	0	0
950	1100	5	0	30
1100	1100	3	0	0
1100	500	6	0	100
500	500	0	1	0
500	20	4	48	100
Summe Prozesszeit: 1 Tag 15 h 19 min				

Tabelle A.6.2: Optimiertes Sinterprofil für PI 255

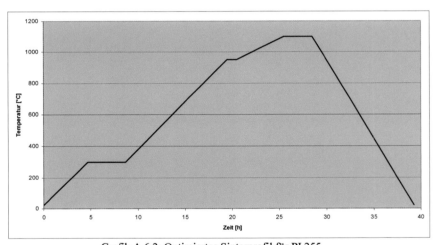

Grafik A.6.2: Optimiertes Sinterprofil für PI 255

A.7 typische Fehler beim Entbindern / Sintern

Ein sehr anfälliger Prozessschritt ist das Entbindern. In Kapitel 5.3.2 wurde dieses bereits sehr ausführlich beschrieben. In Bild A.7.1 ist ein PZT-Körper nach dem Sinterprozess zu erkennen, bei dem zuvor das Bindemittel nicht richtig entfernt wurde. Durch die schnell ansteigende Sintertemperatur konnte das verbliebene Bindemittel nicht schnell genug aus dem Braunling entweichen, und es erhöhte sich sehr rasant der Bauteilinnendruck. Dieses führte zu einer kompletten Zerstörung des PZT-Ringes.

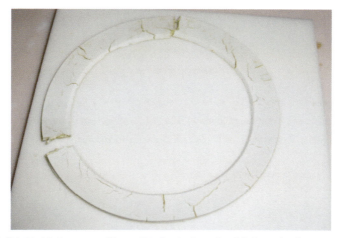

Bild A.7.1: Entbinderungsproblem – Bindemittel wurde nicht komplett herausgetrieben

Weil es sich beim Sintern von PZT-Keramiken um ein Fest- und Flüssigphasensintern handelt, muss eine Sinterunterlage gewählt werden, in die das Material nicht hineinfließen und hineindiffundieren kann. Es empfiehlt sich, hoch verdichtetes und geschliffenes Aluminium- oder Zirkonoxid zu nehmen. In Bild A.7.2 ist zu erkennen, dass bei der Verwendung eines porösen, ungeschliffenen Aluminiumoxidtellers der Sinterkörper in die Unterlage diffundiert und seine ursprüngliche Form nicht beibehält. Außerdem ist durch den Anteil der Flüssigphasensinterung darauf zu achten, dass der aus PZT bestehende Sinterkörper und auch die Sinterunterlage eben sind. Andernfalls kommt es ungewollt zu einer Formänderung und Anpassung der Piezokeramik an die Oberflächenkontur der Sinterunterlage.

Bild A.7.2: Sinterproblem – falsche Sinterunterlage

Auch eine zu schnelle Sinter-Aufheizrate bei einem komplett entbinderten Bauteil kann zu dessen Zerstörung führen. In Bild A.7.3 ist die Rissbildung in einem Sinterkörper zu erkennen, welcher sich nicht gleichmäßig schnell erwärmen konnte.

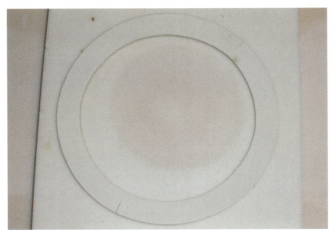

Bild A.7.3: Sinterproblem – zu schnelle Aufheizraten

Anhang A.7 - typische Fehler beim Entbindern / Sintern

Eine leicht verunreinigte Sinterunterlage kann zu einer lokalen Haftung des PZT-Körpers führen. In deren Folge ist keine gleichmäßige Schrumpfung des Bauteils möglich, und es kommt während des Sinterprozesses unweigerlich zu Bauteilverformungen (Bild A.7.4).

Bild A.7.4: Sinterproblem – verunreinigte Sinterunterlage Temperraturprofil

Ein Extremfall ist in Bild A.7.5 dargestellt. Das Bauteil, welches anfangs eben war, wurde ohne Kapselung mit dem optimierten Sinterprofil gesintert. Weiterhin wies die Sinterunterlage leichte Verunreinigungen auf, welche zu einer lokalen Bauteilhaftung führten. Abgesehen von dem Sachverhalt, dass durch die fehlende Kapselung zu viel *PbO* entweichen konnte, erwärmte sich der Bauteilaußenbereich schneller als der Innenbereich. Somit kam es am Randbereich zu einer größeren Schrumpfung, in deren Folge sich aus dem ebenen Ring ungewollt ein dreidimensionaler Körper formte.

Bild A.7.5: Sinterproblem – falsche Sinterunterlage und ungekapselt gesintert

A.8 Maße umspritzter Piezoaktor - Wegvergrößerungssystem

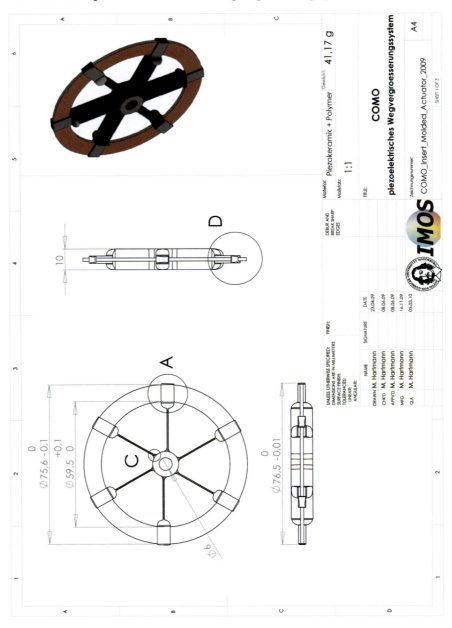

Anhang A.8 - Maße umspritzter Piezoaktor - Wegvergrößerungssystem

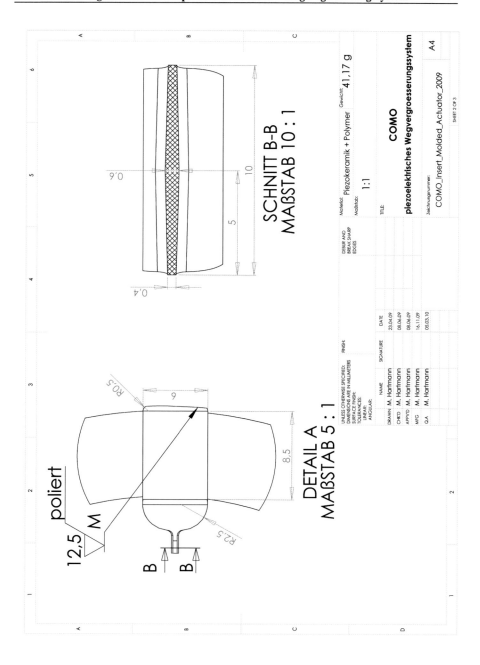

Anhang A.8 - Maße umspritzter Piezoaktor - Wegvergrößerungssystem

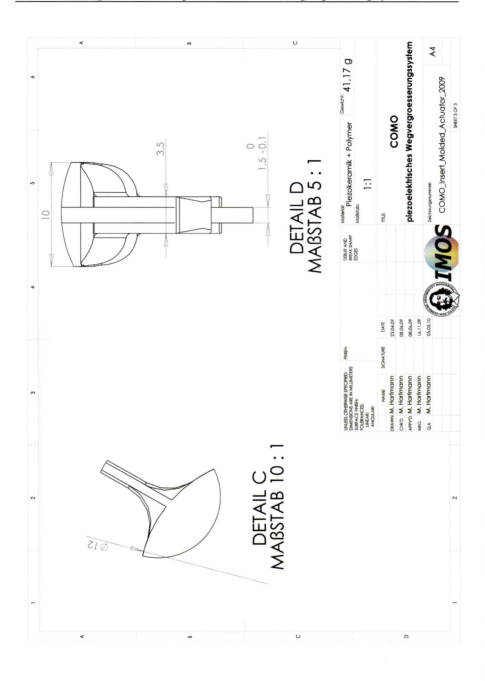

158

A.9 Maße Drosselgehäuse - Unterteil

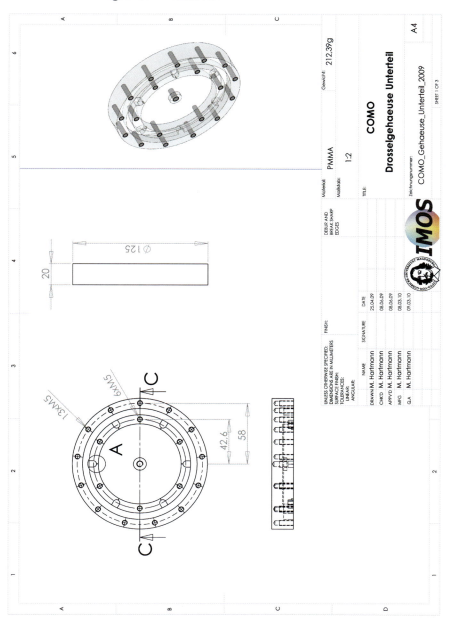

Anhang A.9 - Maße Drosselgehäuse - Unterteil

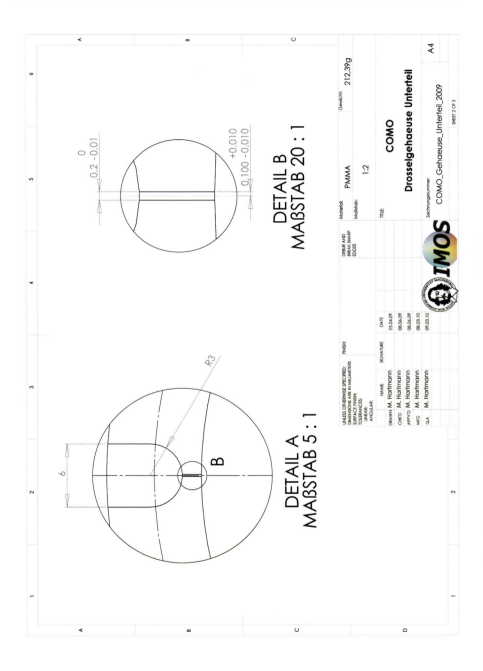

Anhang A.9 - Maße Drosselgehäuse - Unterteil

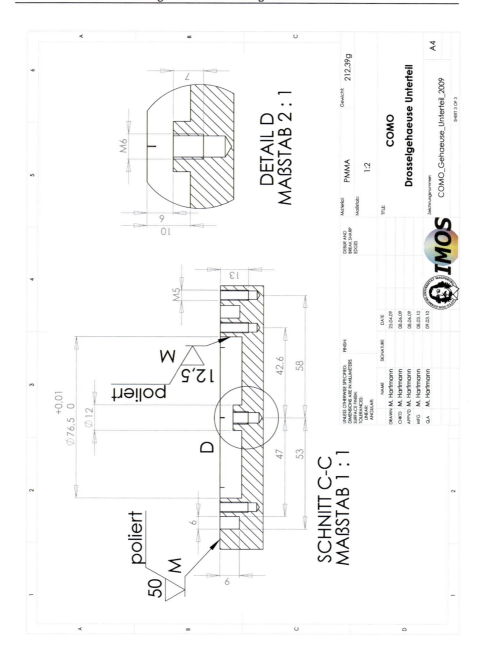

A.10 Maße Drosselgehäuse - Oberteil

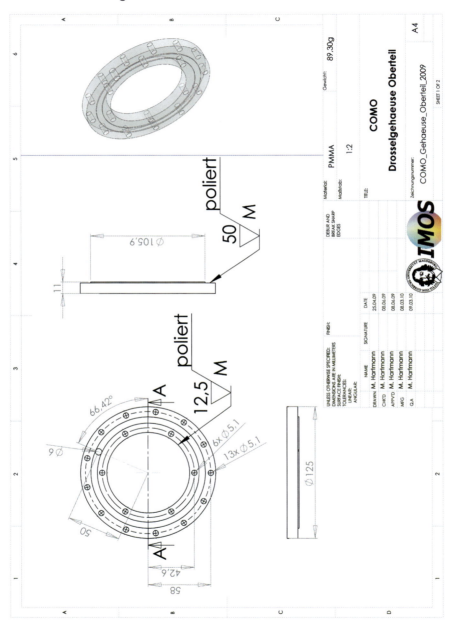

Anhang A.10 - Maße Drosselgehäuse - Oberteil

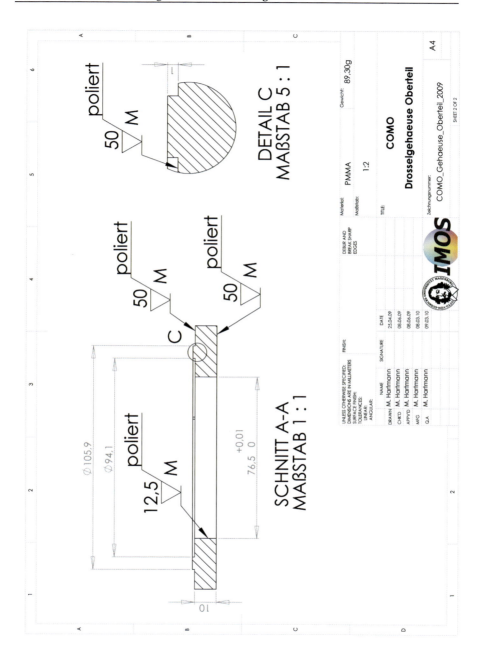

A.11 Maße Drosselgehäuse - Deckel

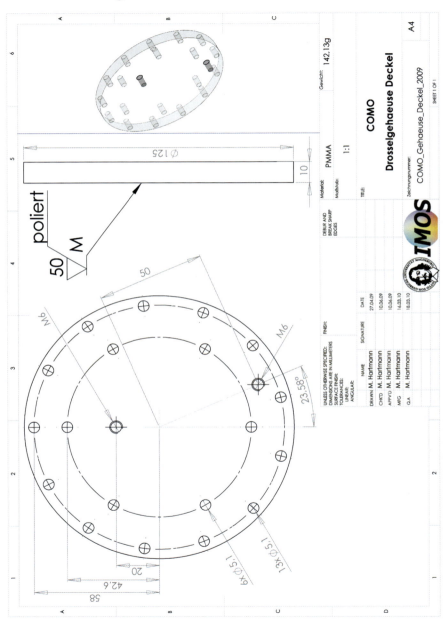

Danksagung

Mein ganz besonderer Dank gilt meinem Doktorvater Prof. Dr. rer. nat. Bertram Schmidt für die Betreuung meiner Dissertation. Seine vielen interessanten Fragestellungen und wissenschaftlichen Ratschläge waren in den ganzen Jahren sehr wertvoll und trugen zur Verbesserung dieser Arbeit bei.

Ein weiterer Dank gilt meinem Zweitgutachter Prof. Dr.-Ing. Roland Kasper für seine Tätigkeit als Projektleiter im Teilbereich „*B1 Sicherheit und Komfort*" des „*COMO*"-Forschungsvorhabens, welches die Grundlage für diese Dissertation bildete.

Auch möchte ich meinen Kollegen am Lehrstuhl Mikrosystemtechnik der Otto-von-Guericke-Universität Magdeburg für die sehr gute Zusammenarbeit danken, vor allem aber Dr. Markus Detert, der mit seiner Devise *ZDF* (Zahlen-Daten-Fakten) mir stets den Praxisbezug vor Augen hielt sowie Herrn Bernd Ranzenberger für die mühsame Unterstützung bei den unzähligen Spritzgussversuchsreihen.

Ein großes Dankeschön gilt weiterhin den Kollegen vom IMS, IFQ, IWF und IKAM an der Otto-von-Guericke-Universität Magdeburg für die unkomplizierte institutsübergreifende Zusammenarbeit.

Weiterhin sei allen meinen Freunden, die direkt oder indirekt zum Gelingen dieser Arbeit in Form fachlicher oder anderweitiger Unterstützung beigetragen haben, gedankt.

Ein besonderer Dank gilt meiner Familie, die mir in allen Höhen und Tiefen während der Erarbeitung dieser Dissertation stets zu Seite stand und den Rücken gestärkt hat.